この国の環境

目次

時空を超えて

Eternal Japan

Katsuyuki Minami & Bruce Osborn

S T A F F

PRODUCER 礒貝 浩・礒貝日月（清水弘文堂書房）
DIRECTOR あん・まくどなるど（国連大学高等研究所いしかわ・かなざわオペレーティングユニット所長）
CHIEF IN EDITOR 前田文乃
ART DIRECTOR 小林洋介
DTP EDITORIAL STAFF 中里修作
PROOF READER 石原 実
COVER DESIGNERS 小林洋介　黄木啓光・森本恵理子（裏面ロゴ）
STAFF 山田典子　菊地園子
SPECIAL THANKS 井上佳子

□

アサヒビール株式会社「アサヒ・エコ・ブックス」総括担当者 丸山高見（常務取締役）
アサヒビール株式会社「アサヒ・エコ・ブックス」担当責任者 友野宏章（社会環境部部長）
アサヒビール株式会社「アサヒ・エコ・ブックス」担当者　高橋 透（社会環境部）

ASAHI ECO BOOKS 32

この国の環境

時空を超えて

文／陽　捷行
写真／ブルース・オズボーン

アサヒビール株式会社発行□清水弘文堂書房発売

序章　人類の履歴書

はたして不変か？

「地球生命圏ガイア」という言葉がある。これは、イギリスの科学者のジェームス・ラブロックが１９７９年に提案したもので、地球もわれわれ人間とおなじようにひとつの巨大な生命体だという概念である。

ガイアとは、ギリシャ神話にでてくる大地の女神のことである。遠いむかし、ギリシャ人は大地を女神として敬い、「母なる大地」に畏敬の念をいだいてきた。もちろん、わが国最古の歴史書である古事記にも、同じように大地を石土毘古神《いわつちびこのかみ》と称し、これを敬ってきた歴史がある。いずれも、われわれ人類が描いた壮大な神話の世界である。

人間はもちろん、すべての生きとし生けるものがこの「母なる大地」から生まれ、その命を大地によって育まれながら、太陽系にひとつしかない地球生命圏という船に乗って漂っている。これまでも、いまも、そしてこれからも。

この大地の崇高さをいみじくも言い得たのは、中国の賢人「孔夫子」である。林蒲田の『中国古代土壌分類和土地利用』によれば、漢の時代の劉向撰による『説苑』という書の「臣術」篇に、孔子のいった大地に託する想いが記述されている。

為人下者、其犹土乎！　種之則五穀生焉、禽獸育焉、
生人立焉、死人入焉、其多功而不言

人の下なるもの、其はなお土か！　これに種えれば、すなわち五穀を生じ、禽獣育ち、生ける人は立ち、死せる人は入り、その功多くて言い切れない。

と読める。孔子は大地の偉大さを熟知していたのである。

一方、人間がこの地球上で繁栄できたのは、地上に圧縮するとわずか３ミリメートルしかない成層圏のオゾン層が５億年も消失することなく、太陽からの紫外線を防いでくれたからである。そして、地上から約15キロメートルしかない対流圏の大気の酸素濃度が４億年前からつねに約21パーセントに維持され、生きものの生存に必要な呼吸を可能にしてくれているからである。また水の惑星と呼ばれる地球ではあるが人間が直接利用できる水は、土壌に湛水《たんすい》するとたかだか平均11センチメートルにすぎない。さらに大切なことは、生きものを養う土壌が３～４億年も営々として生成されつづけ、平均18センチメートルの厚さに維持され、地上の植物や動物を育んできたのである。

地球の生物は、今日確認されたものだけでも約１３９万種、未知のものまで含めれば５００～１千万種といわれている。われわれ人類は、この多様な生物種の進化の最終段階に多様なほかの生物との共存・共生を前提に誕生してきた。共存・共生の仲立ちをしてくれているのは、上に述べた成層圏のオゾン層と対流圏の大気と大地にある水と土壌なのである。

司馬遼太郎は、大阪書籍の『小学国語６下』に「二十一世紀に生きる君たちへ」と題した一文を載せている。司馬が環境をどのようにとらえていたかが、この文章のなかにみごとに表現されている。

むかしも今も、また未来においても変わらないことがある。そこに空気と水、それに土などという自然があって、人間や他の動植物、さらには微生物にいたるまでが、それに依存しつつ生きているということである。

自然こそ不変の価値なのである。なぜならば、人間は空気を吸うことなく生きることができないし、水分をとることがなければ、かわいて死んでしまう。

さて、自然という「不変のもの」を基準に置いて、人間のことを考えてみたい。

人間は――くり返すようだが――自然によって生かされてきた。古代でも中世でも自然こそ神々であるとした。このことは、少しも誤っていないのである。歴史の中の人々は、自然をおそれ、その力をあがめ、自分たちの上にあるものとして身をつつしんできた。

その態度は、近代や現代に入って少しゆらいだ。

人間こそ、いちばんえらい存在だ。

という、思いあがった考えが頭をもたげた。二十世紀という現代は、ある意味では、自然へのおそれがうすくなった時代といっていい。

司馬遼太郎が語ったこれらのことは、残念なことにいまでは正しくない。すでに土壌が、水が、大気が、オゾン層が、ことごとく変わりつつある。何億年という歳月をかけてできた土は汚染され侵食されて、水の惑星といわれた地球の水も汚染され枯渇しつつあり、地球を適度に暖めてくれていた大気の温暖化が進み、太陽からの紫外線を遮蔽《しゃへい》し生命を保護していたオゾン層が破壊されつつある。

20世紀から21世紀へ

科学技術の大発展とそれに付随した成長の魔力に取り憑かれた20世紀後半を、われわれは全力で駆け抜け、この間、科学技術を活用してものを豊かに造り、その便利さを享受してきた。その結果、さまざまな環境問題が続出した。

その様態は、カドミウムや水銀に代表される重金属などによる点源の環境問題から、窒素やリンによる河川や湖沼の富栄養化などの面的環境問題を経て、二酸化炭素やメタンや亜酸化窒素などによる温暖化など、地球規模の環境問題へと広がった。環境問題は、点から面を経て空間にまで至った。

一方、われわれの生活を豊かにするためにつくりだされた化学物質が、ヒトの生殖能力に関連し、次世代にまで影響を及ぼすことも知った。今や環境問題は空間と時間を超えてしまったのである。

上述した成長の魔力とは、あらゆる意味での物的拡大とそれに伴う生活の豊かさを意味する。エネルギーを含む天然資源の消費量の増大、工業生産量の増大、自動車生産量の増大、人口の増加、耕地面積の増大、食料生産の増大など枚挙にいとまがない。

これに伴って、何万年もかけて順調に地球を循環していた炭素、窒素、リン、硫黄、重金属などの元素の自然循環は、大幅な変調をきたした。さらに、人類がつくりだした各種の化学物質が地球を循環しはじめたのである。そのうえ、永遠に普遍であると思っていた土壌と水と大気とオゾン層が、変動しはじめたのである。土壌は浸食され、水は枯渇しはじめ、大気は温暖化の一途をたどり、オゾン層は破壊されつづけている。これらのことが地球生命圏の現状である。

地球生命圏の悲鳴が大地から、天空から、海原からきこえる。地下水汚染、土壌塩類化、土壌浸食、砂漠化、水不足、水質汚染、廃棄物投与、化学物質汚染、生物の減少、熱帯林伐採、重金属汚染。鳥インフルエンザは大地から、温暖化、大気汚染、酸性雨、オゾン層破壊は天空から。赤潮、青潮、富栄養化、浮遊物汚染、エルニーニョ・ラニーニャ現象、海面上昇は海原から。

環境とは？

環境とは、自然と人間との関係に関わるものである。だから、環境が人間と離れてそれ自身で善し悪しが問われるわけではない。人間と環境の関係は、人間が環境をどのようにみるか、環境に対してどのような態度をとるか、そして環境を総体としてどのように価値付け、概念化するかによって決まる。すなわち、環境とは人間と自然のあいだに成立するもので、人間の見方が深く刻みこまれているものである。

だから、人間の生業や文明や文化を離れた環境というものは存在しない。となると、環境とは人間の生き様そのものである。すなわち、環境を保全するとか改善するということは、とりもなおさず、われわれ自身を保全するとか改善することにほかならない。

そのためには、われわれの生き方と心に豊かさが必要になるであろう。豊かな人生、豊かな心を問うことは、空間の豊かさを問うことから切り離すことができない。豊かな環境とは、空間の質と量と、その地域に生きる人びとの特性の豊かさでもあろう。

これまで空間の豊かさは、わが国では次の三つの思想を通して追求されてきた。ひとつは、西行や慈円などにみられる文学や宗教に関わる思想である。もうひとつは、風土の概念を導入し、空間と時間を環境につなげた和辻哲郎に代表される哲学的な思想であろう。最後は、熊沢蕃山や古在由直にみられる公害や水理などに関わる科学の思想である。結局、環境は文学や思想や科学の履歴書なのである。大きな自然をより小さい空間に引きいれることのできるわれわれは、枯山水の庭園文化を生んだ。この庭園には山が引きこまれ、川が流れ、海浜には白砂が敷きつめられる。これは自然を人間の生活のなかに取りいれ、自然との共生の心にほかならない。

このように考えてくると、わが国の聖賢に教えを学び、その原理を21世紀の環境問題に活用することが可能であろう。ここにその人びとを紹介し、「温故知新」を21世紀の「温故革新」に変えたい。

この本は、歴史上の人物を訪ね、この国の環境が人びとの手で保全されてきたことを明らかにし、その環境がいま変わりつつあることを伝えるのが目的である。そのためには、まずわが日本列島の構造や自然がどのようなものであるのか、それについての理解が必要であると考え、第1章は「この国の成りたち」と題して、農業を軸としたわれわれと環境との関わりを語る。第2章は「環境問題に心して取りくんだ人びと」と題して、この国の環境を保全するために賭けた8人の情熱を紹介する。第3章では「いま、この国の環境は？」と題して、地球温暖化などによる環境変動の現実を描写する。

第4章は「この国の地殻変動・地震・津波」と題して校正の途中で新たに加筆した。平成23(2011)年3月11日午後2時46分に、東北地方太平洋沖地震（マグニチュード9・0）が発生し、その後30分ほどして巨大津波が東北地方の沿岸を襲来したためである。巨大な環境変動であった。

第1章　この国の成りたち

農村空間の成りたち

日本列島は、花さい列島と呼ばれている。花を編んでつくった首飾りのように北から千島弧、本州弧、琉球弧が円い弧を描きながら連なっているからである。

アルプス造山運動は、この日本列島の土台を築いた。新第三世紀と呼ばれる時代になると、アジア大陸の東縁に激しい断層運動などの地殻変動が起こり、この列島の地形と地質を複雑なものにつくりあげた。

このような日本列島の成りたちは、せまくて細長い国土に山ばかりをつくる結果になった。洪積世には火山活動がさかんで、地表は火山で覆われていた。沖積世に入って、寒冷な気候がつづくが、そのあと、暖気候と寒気候を繰りかえしたのち現在の気候に落ちつく。

気候が落ちつくと、これに適した植物が茂りはじめるが、雨による土壌の浸食も激しくなる。山や丘陵は浸食されて、土壌は川に運ばれ河床を埋めていく。そして、沖積平野が形づくられる時代に入る。国土の十数パーセントを占めているわが国の平野は、こうしてできた。

芭蕉の句に「五月雨をあつめて早し最上川」とあるように、川の数は多いものの、傾斜が急で、広い沖積平野は数えるほどしかない。

伝統的な農村では、自然立地条件にもっとも適した土地利用がおこなわれている。関東平野を例にとれば、水田は水をえやすい沖積低地に、畑は排水のよい台地や自然堤防上に、集落はきれいな水を手に入れやすく、しかも洪水の危険が少ない台地斜面の下部や自然堤防上につくられてきた。

日本人は、このような自然条件のなかで林業と農業と漁業を営みながら、縄文・弥生・大和・飛鳥・

奈良・平安時代という原始および古代を、鎌倉・室町・江戸時代という中世および近世を、そして、近代の明治・大正・昭和・平成を稲作を中心とした文化を育みながら生きつづけてきた。

その背景には山があった。山は日本人の衣食住の原点であり、われわれに生きていくためのエネルギーを提供してくれた。クリ、シイ、クルミ、トチなど落葉樹の木の実は食料を、フジ、シナ、クズなどの蔓性植物は繊維を、さらには木々は家を建てる素材を提供してくれた。

このように、山は衣食住のすべてにわたってわれわれの先祖に恵みを与えてくれていた。そこへ海の向こうからイネを栽培する技術が伝わってくる。これまでの山の恵みに比べて、イネは比較にならないほど食料の安定をもたらし、新しい社会様式が形成されていった。

命の糧であるイネを手に入れるのにふさわしい土地を求めて、人びとはイネの栽培を確保しやすい川の流れの近くに移りすみはじめた。豊かな森から流れでる水を水田に引きこむためである。このときから、山がもたらしてくれる豊かな水と日本人は、物心両面にわたって強い絆で結ばれるのである。イネを中心とした文化の誕生である。

水田の働き

複雑な地形と気象をもつ日本列島に分布する土壌は、世界にもまれな特徴をもつことになる。国土面積の15パーセントにすぎない耕地に、多くの種類の土壌が複雑に分布し、そのうえ傾斜が多く、起伏に富む地形や、降雨が集中する地域の土壌は、土壌浸食と養分流出を受けやすくなる。

この自然の欠点を封じるため、われわれの祖先は昔から山麓に畑を、沖積に水田を配してきた。この祖先の知恵こそが、日本農業の基盤になっている。森林を経て山麓から流れでる土や豊かな養分は、沖積の水田に蓄えられる。このことが、千年以上にもわたる持続的なイネの生産を可能にしてきた。山の豊かさに恵まれた生業である。

その後、科学の進歩によって、われわれ祖先が育んだ水田のすぐれた働きが明らかになってきた。

植物の三大必須元素とされる養分は、チッソ、リン酸、カリウムであるが、水田ではいながらにしてこの元素を獲得できる。山からの水が養分や養分を含んだ土を運んでくれるとともに、水を張る水田では藻類が育ち、これが空中のチッソを固定し、土壌にチッソを残してくれる。また水を張ることで、土のなかにあるリン酸やカリウムがとけだし、イネに吸収されやすくなる。

水をためることで、気象変動がイネに及ぼす影響をやわらげる。また水には雑草や病害虫の発生をおさえる力もある。毎年イネをつくりつづけても、水があるため、線虫などや特定の病原菌がふえることもなく、千年も２千年も連作に耐えることができる。

これだけのすぐれたメカニズムをもつ農業形態は、ほかにはみつけることができないであろう。その稲作が日本の農業と文化の中心なのである。

国土と土壌を守ってきた水田農業

日本での稲作は、いまから２４００年ほど前の縄文時代後期に、北九州を中心とした西日本に伝えられたと推定されている。伝来された当初の稲作技術が中国江南・朝鮮半島と共通した点が多いことから、これらの土地のすぐれた稲作技術をもつ集団が日本列島に渡来し、この技術を広めたと考えられている。

稲作は日本列島の湿潤な気候によく適合したため、各地へ急速に広がっていった。最近の研究結果では、青森県でも２千年前の水田遺跡がみつかっている。

それ以後２千年にもわたって、われわれの先祖はコメを主食にした稲作中心の生活と文化を築きあげてきた。日本の稲作は独自の進歩をとげ、いまでは世界でも最高位の技術水準を維持している。

水田は国土の形成や保全にも大きな役割を果たしてきた。雨量が多く土壌浸食と養分の流出を受けやすい地形を、われわれの先祖は巧みな技術を開発しながら水田に転換してきた。山麓に千枚田を築き、沼地に排水溝を施し、水田をつくったのは、われわれの先祖の知恵であった。

水田のすばらしさは、畑とちがって連作をしても地力をそこなわず、毎年豊かな収穫をわたしたちに保障してくれることである。世界最古の水田遺跡のある中国・河姆渡《かぼと》遺跡の近辺では、現在もおなじ場所で1万年におよぶ長い期間絶えることなく稲作がつづけられている。

日本の農村風景に水田は欠かせない。正月の餅をみても、村祭りをみても、稲作はわれわれの生活に深く根づいている。水田農業は、日本人の心に刻まれた原風景でもある。

水田農業への尊敬、謙虚、愛情をもっとも深く表現しているのは、明治34年の『新撰國民唱歌』に掲載された「夏は来ぬ」であろう。作詞は佐佐木信綱、作曲は小山作之助である。佐佐木は代々歌人で国学者の家系である弘綱の長男に生まれた。万葉集の研究者としては、第一人者である。

「夏は来ぬ」は、佐佐木の古典の博識ぶりが光彩を放っている。一番の「卯の花」と「時鳥」の組み合わせは、万葉集以来の夏のイメージとして定着しているという。二番の「さみだれの」は、平安時代の『栄華物語』の一節を連想させるという。「玉苗」の玉は美しいものを褒め称える言葉で、魂にも通じる。

三番の「窓ちかく蛍とびかい」は、中国の「蛍雪の功」の保持に由来する。「橘」と「時鳥」や、「さみだれ」と「水鶏」の組み合わせは、源氏物語にみられるという。

五番は、まさにわが国の農村風景にふさわしい詞である。

皐月闇《さつきやみ》　蛍とびかい
水鶏《くいな》鳴き　卯の花咲きて
早苗《さなえ》植えわたす　夏は来ぬ

また『日本書紀』には、垂仁天皇の御代に倭姫命《やまとひめのみこと》が天照大神を伊勢の地にお祀りした際に、天照大神が述べたことばが出ている。

この神風の伊勢国は常世《とこよ》の浪の重浪《しきなみ》帰《よ》する国なり　傍国《かたくに》の可怜《うま》し国なり　この国に居らんと欲《おも》う

伊勢国は常世の浪が繰りかえしよせ、大和の国の近くにある美しい国である。だからこの国に住みたいと思う、と読める。神風は伊勢国の枕ことばである。日本全国の最高神である神宮の大神にかなった土地は、森林と畑と河川と水田と海の地形連鎖がみごとに成立する豊かな国である。

次に解説する地形連鎖は、日本の至る所に存在するが、伊勢は日本全国の代表として表現されている。ことほど左様に、どこをとっても大和の国は住みよい国であった。

『古事記』には、国思歌《くにしのびのうた》として伝わる歌に、この国の美しさが景行天皇によって表現されている。そして水田の成立にきわめて重要な森林も倭健命《やまとたけるのみこと》によって歌われている。

倭《やまと》は国のまほろば　たたなずく青垣　山隠れる倭しうるわし

地形連鎖を活用した農業

わが国の森林、畑、水田、川や湖沼《こしょう》は、「地形連鎖」という言葉であらわせるように、たがいにつながっている。森林に降り注いだ雨水は、豊かな養分を含みながら河川に流れこむ。われわれの先祖は川を押し広げるように水田を広げ、水が得にくいところは畑として利用するという土地の生かし方によって、自然条件の欠点を封じ、自然を保護しながら土壌を守り生産を維持しつづけてきた。いま考えてみても、きわめて知恵のある地形連鎖の活用である。

日本の多くの伝統的な農村地帯には、台地に林や畑があり、低地に水田がある。このような地形連鎖を活用すると、流域の環境を保全することができる。今後の環境問題を考えるうえできわめて重要な事象である。

たとえば、畑に投入された窒素肥料のうち作物に利用されなかった窒素は、水に運ばれやすい硝酸態窒素となり地下水に流れる。硝酸態窒素が多く含まれる地下水は飲料水にはできないし、そのまま湖沼や海に流れればアオコや赤潮を発生させる富栄養化の原因のひとつになる。

しかし、畑のそばにある水田では、その地下水は灌漑に利用される。水を張った水田は酸素の欠乏した状態（還元状態）なので、地下水に含まれる硝酸態窒素は、無酸素状態で活躍する微生物の営む脱窒作用によって窒素ガス（N_2）になり、大気に放出される。

こうして、硝酸態窒素に汚染された地下水は、水田をへて浄化されることになる。地形連鎖を活用した田畑の配置は、養分を有効利用するとともに、水をきれいにする環境保全型農業の代表的な事例といえる。

農業は土壌をつくる

もともと自然環境にあわせて発達してきた農業は、環境を保全する働きをもっている。というのも、作物も含め生物には環境形成作用という働きがある。生物は周囲の環境から影響を受け、逆に環境にも影響を与えながら生きている。環境からなんらかのものを取りこんで成長する一方、環境に働きかけて独特の環境をつくりだしている。これを生物の「環境形成作用」という。

たとえば、植物の光合成がそうである。植物は、大気から二酸化炭素を吸収し、その代わりに酸素を大気に放出する。また、植物の根は土の養分を吸収するために有機酸などを土壌に放出する。このため土壌の微生物が増殖し、豊かな土壌がつくられる。斜面の植物は、土壌がなければ生きながらえていけないので、流亡しないように根でしっかりと土壌を保持している。これも生物のもつ環境形成作用の例である。

農林業という営みがおこなわれている場所では、大気・土壌・水・植物・動物、そしてさらに人間の力が相互に関係しあって、特有の環境が形づくられている。それぞれの環境を生かし、少しでも豊かな農業を営もうとする人間の力が、生物の環境形成作用に追加されて、わが国の農業は、それぞれの地域に独自な環境をつくりだしてきた。

それぞれの地域において、自然と人間の共生によって田畑がつくられ、農作物が育つ。その農業のもつ環境形成作用が、自然や人間にとって望ましい方向に働くとき、この機能は「環境保全機能」となる。

農業生態系がもつ環境保全機能

1．水

われわれは、農業や農村から多くの恵みを得ている。もっとも大切な食べもののほかに、農業には環境を保全する多様な働きがある。そのなかからまず、水について紹介する。

洪水防止機能：水田は、ダムやため池のように雨水を一時的に貯留して、河川への急激な水の流出を緩和してくれる。そのため、洪水被害を軽減・防止する機能がある。また、畑地でも土壌にあるすき間に一時的に水を貯留して、河川流出を緩和してくれる。

渇水緩和機能・水涵養《かんよう》機能：田畑の水を一時的に貯留することは、雨が降らないときの渇水をやわらげる機能にもなる。また、農林地は灌漑水や降雨を吸収し、これを地下に徐々に浸透させることによって地下水を涵養する。水田は、灌漑期に長いあいだ水を張るから地下への浸透量がほかの土地利用にくらべて多い。そのため地下水を貯めておく能力が大きいことになる。

水質浄化機能：汚染された水が水田に入ると、田面《たも》を流れているあいだにその水に含まれる汚染物質の一部は、大気に揮散したり、土壌に沈殿したり吸着されたりする。その結果、この水が水田から流出するときは、流入したときよりも浄化されている。この働きを水質浄化機能と呼ぶ。

2．土壌

次に土壌について紹介する。

土壌浸食防止機能：土壌浸食とは、水または風によって表土が流れたり飛ばされたりする現象である。土壌は、水を張ることによって集中豪雨があっても浸食をほとんど受けない。土壌が作物や草に覆われている畑は、浸食を受けにくい。

しかし、畑に作物がなにもない裸地状態になっている場合や、排水のためのしくみが不備で、雨が降ると泥水が流れでるような傾斜地などでは、浸食の被害が大きくなる。

少し前まで、関東地方や西南暖地の多くの畑では冬にムギがつくられていた。このムギは冬の季節風（空っ風）で土壌が吹きとばされるのを防ぐのに大きな働きがあった。

土砂崩壊防止機能：急峻な山地、谷地、崖地では、集中的な豪雨で土砂崩壊が起こる。このような地域でも、水田があれば土砂崩壊が防止される。棚田は土砂崩壊を防ぎ、そのうえ、洪水や渇水をやわらげてくれる。棚田は、その地域の貴重な財産なのである。

３．大気・熱・生物保存

最後に大気などについて紹介する。

大気浄化機能：作物を含めて植物は、葉面にある気孔を介して大気中の二酸化炭素を取りこみ、光合成で糖を合成して酸素を放出する。このガス交換のときに、大気中のイオウや窒素などの汚染ガスも気孔から植物体内に取りこみ、自らのからだつくりに役立てる。これを大気浄化機能と呼ぶ。また、微生物を多く含む土壌も同じような大気浄化機能がある。

気候緩和機能：水田の水面から、また作物の葉面からは水分が蒸発散し、葉や水は熱を吸収する。このため、暑さがやわらぐ。これを気候緩和機能と呼ぶ。とくに水田は、この働きが大きいことが特徴的である。

生物相保全機能：カブトムシの幼虫は腐った植物を食べ、成長する。堆肥がつくられ、よく手入れされた炭焼き用の雑木林がある農村は、カブトムシのかっこうの繁殖地である。水田や水路はトンボやドジョウなど、さまざまな生きものの生息地でもある。農村地域では、多種多様な生物が保全されている。ムギ畑に巣をつくり育つヒバリは、作物の害虫を食べてくれる。多種多様な生物がいることによって、農作物に被害を与える病害虫の発生なども抑えられている。

ガイアと農業の共生

もともと農業は、地球生命圏ガイア（大地の女神）を支えるよき伴侶であったはずである。わたしたちの先祖は山の下草を刈り、イナワラやムギワラを堆肥にして、田畑に還元してきた。農業の長い歴史は、人類が地球生命圏ガイアといかに協調してきたかを示す証でもある。

しかし､近年の農業は必ずしもそうなっていない。地下水や湖沼汚染の原因になっている化学肥料、残留が心配されるさまざまな農薬、いずれも生産性だけを追求してきた近代農業の負の遺産といってよい。どうやら、われわれは大地の女神ガイアの意志に反し、疾走しすぎてしまったのではないだろうか。

そうした反省に立ち、21世紀に人類が生存をかちえるためには、ただひとつしかないこの地球と共生していくしか方法はない。地球との共生は、もちろんそこに生活するすべての生きものとの共生でもある。

そのためには、自然の循環機能に貢献する「持続型農業」あるいは「環境保全型農業」をめざすことが、なによりも必要である。われわれの生活に必要な食料や繊維などを生産しながら、しかも環境を保全する。この一見矛盾するふたつのことを両立させるためには、生態系の原理にもとづいた自然循環機能に適した農業を営まなければならない。人類が地球と共生するということは、21世紀の農業が地球と共生するということである。

なぜなら、地球環境問題はまさに人口増加の問題で、人口問題は食料の問題で、食料問題は農業の

問題だからである。

要は、地球生命圏が拡大した人間圏の圧力に耐えられるかどうかという問題でもあるのだ。増加しつつある人口に食糧を供給しつづけることと、崩壊しつつある地球環境を保全するという容赦のない難題が、いまわれわれ人類に与えられているのである。

地球意識と地域意識

世界の人口は、いまでは67億人を突破した。このままいけば、増大する人間活動によって地球の自然循環機能が圧しつぶされる事態も起こりかねない。失われつつある土壌資源、温暖化しつつある大気、欠乏しつつある水、破壊しつつあるオゾン層などがそのことを証明している。この地球生命圏が瀕死の危機に直面する前に、われわれは彼女《ガイア》に負わせてきた重荷を軽くしなければならない。

21世紀は、ますます食料生産が大切になる。しかし、絶対に環境破壊を引き起こすような食料生産技術であってはならない。この一見相矛盾する問題に立ち向かうのが、これからの農業の課題といってよいであろう。

しかし農業と環境の調和は、いきなり地球規模や国単位で考えられるものではない。われわれの身近な農村で農業と環境の調和が維持できれば、その積みかさねとして地球や国家でも農業と環境の調和が成りたつのである。

ひとつの大陸の農業と環境が調和されれば、地球生命圏の保全にもつながるのである。そして結局は、地域の自然を生かした地域の農業と暮らしをつくることが、地球環境を守ることにもつながっていくのである。

これからの農業は、自然の仕組みや農業のもつ多面的機能を活用した、新しい科学の上につくりあげられなければならない。われわれの身近にある資源を十分に活用して、自然と人間が共生できる21世紀型農業を一刻も早くつくりあげることが、いま求められている。そのためにも、限りある土壌を大切に守り育てなければならないのである。

生命倫理か、環境倫理か？

これらの農業と環境に関わる問題は、まさに人口増加の問題である。１００億の人口しか養えない地球にとって、人口増加の現象は別のテーマをわれわれに突きつける。われわれは環境倫理（Environmental Ethics）と生命倫理（Bioethics）のどちらを選択するのか、あるいは共存させうるのかと。増加しつつある人口に食料を供給しつづけることと、崩壊しつつある地球環境を保全するという、きわめて容赦のない課題が、いまわれわれ人類に与えられている。

人類は、宇宙からみたら塵埃にすぎないが、人類の生存に不可欠な土壌と水と大気とオゾン層をいとも簡単に消耗させている。農業生産というわれわれが生きるための行為が、そのことに直接関係しているのである。何億年という気の遠くなるような広大無量のときをかけて、地球が創造してきた土壌と水と大気とオゾン層なのに。訪れつつある新しい世代に、これらの環境資源をいかに健全に継承するのか。これに失敗すると、われわれ世代は新しい世代から酷評の謗《そし》りを免れない。

第２章

環境問題に心して取りくんだ人びと

わが国は、はるかな上古から豊かな生物相に包まれた人間と自然の共生の場であった。とくに農村は、山や川などの自然空間と、田畑などの農業空間と、人びとが暮らす居住空間とで成りたっていた。とはいえ、農村における身近な山や川は、植林や河川工事など人間の手が加わった自然空間であり、逆に田畑も自然を生かして成りたたせた農業空間なのである。われわれの暮らしは、これらの空間にある資源や農産物を活用して営まれてきた。

その生業《なりわい》が永続するように、われわれは地域の自然環境を生かす形で農業を営み、自然と農業から得られる資源を生かす暮らしの在り方、衣食住をつくってきたのである。

こうして長い時間をかけて地域に固有な農村環境がつくられ、それに基づいて地域に固有な文化や伝統がつくられてきた。都市住民も含めた多くの日本人が、農村の環境に美しさや潤いを感じるのは、そこに自然と人間が調和する姿があり、農村の知恵と暮しが息づいているからであろう。

しかし、それらの環境は何の努力もなく一朝一夕に成立したわけではない。われわれの先祖が死にものぐるいに、さらには物の怪に憑かれたようにおこなった、想像を絶する血の滲む努力があってこそそのものなのである。

ここに、その姿を追ってみる。この気の遠くなるような人びとの実績をふたたび確認することによって、いま押し迫っている地球環境の来し方行く末を考えてみる。

最近、人びとの関心が環境史に向けられている。こうした関心の高まりは、解決策が見つからないまま、さまざまな地球環境が悪化しつづけているという閉塞感から、歴史に解答を求めはじめたためであろう。

熊澤蕃山《くまざわばんざん》：1619〜1691年

ふたつの顔

熊澤蕃山は、中江藤樹（1608〜1648年）に陽明学を学んだ。その後、江戸を代表する賢者のひとりである備前藩主池田光政に抜擢《ばってき》されて3千石を賜り、岡山藩の執政として縦横に経綸の才をふるった。しかし、陽明学と幕政批判により、幕府から反体制の危険人物とみなされたため、追われるように各地を転々とし、ついに下総の古河で幽閉され窮死した。悲劇の人物である。

蕃山の肖像画には、強気と頑固な政治家風の「容貌魁偉《ようぼうかいい》」なものと、白皙《はくせき》の美男風の「柔和温良」なものとがあるという。このような違ったふたつの顔。どちらが蕃山の実像に近いのだろうか。それは蕃山の人間像そのものと、その思想の双方を覆っている。蕃山の人生経験の驚くべき多様さ、また、それに呼応するかのような思想の幅広さに由来すると思われる。

容貌が異なるふたつの肖像画があるように、われわれにとっても蕃山の人間像は不可解でわかりにくく、当惑を覚えずにはおかない存在である。前半生の栄光と後半生の悲惨。尊敬と嫌悪。蕃山の生涯は、いわば光と影にも似た対照的なものに彩られている。

生態学の先駆者

熊澤蕃山に最初に登板願ったのは、優れた経世家であり、大破壊大懐疑の人物であったが、生態学の先駆者であったからである。生態学や環境の視点から観ても、蕃山は光と影をもつ。蕃山は、日本の儒教思想の伝統のなかから空間の思想を取りあげて、環境土木の哲学を創造した第一人者であろう。「土木事業を進めるにあたっては、環境への配慮を欠いてはならない」という思想である。

その認識は、「山川は天下の源である。山はまた川の本である」とも言いかえられる。これは、「山林は国の本である」ということを意味する。自然と人間社会の全体を、基本原理である陰陽の気の様態として説明するこの思想は、天地という広がりと四季の時間的変遷を枠組みとする一種の空間の哲学である。ここには環境認識に欠くことのできない時空の思想がある。

民俗学、粘菌学、生態学の泰斗である南方熊楠《みなかたくまぐす》は、生態学の先駆者としての蕃山の文章を次のように引用し、政府の神社統廃合策について反対意見を述べている。

「山川は天下の源なり。山又川の本なり、古人の心ありてたて置きし山沢をきりあらし、一旦の利を貪《むさぼ》るものは子孫亡《ほろび》るといへり。諸国共にかくのごとくなれば、天下の本源すでにたつに近し。かくて世中立ちがたし。天地いまだやぶるべき時にもあらざれば、乗除の理《ことわり》にて、必《かならず》乱世となることとなり。乱世と成りぬれば、軍国の用兵糧に難儀することとなれば、家屋の美堂寺の奢《おごり》をなすべきちからなし。其《その》間に山々本のごとくしげり、川々むかしのごとく深く成《なる》事なり」

「山林とそこから流れ出る河川は、天下万物を育む生命の源である。にもかかわらず、経済の論理を優先して利のために山の木を切り倒してしまえば、山は水を出さなくなり、川は枯れ果てる。天下の本源というべき山と川が荒廃すれば、天下は必ず窮してその結果乱世となる。乱世となれ

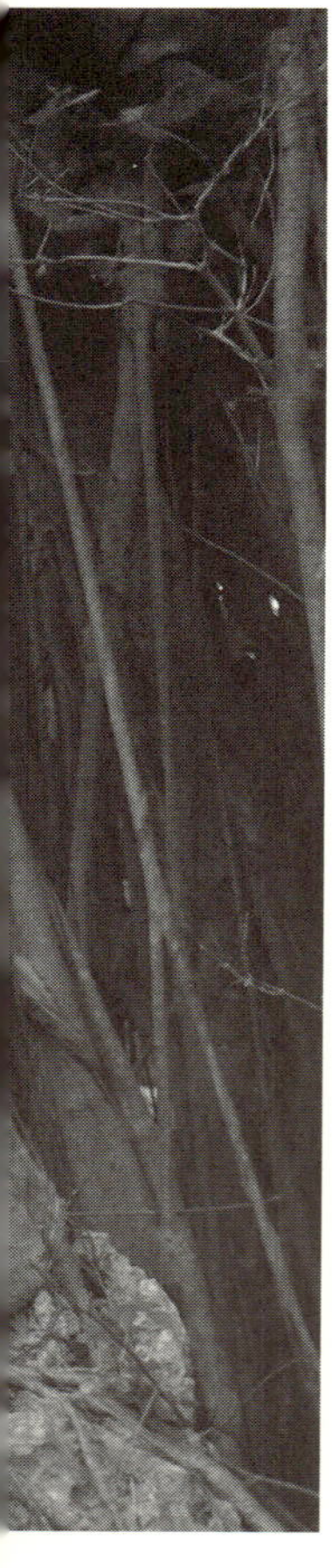

ば、戦争のために多くをとられ、木を切り倒して豪邸や豪壮な寺院を造る余裕もなくなる。木々が切られることがなくなるので、この間に山々の木々は元のように生い茂る。川にも満々たる水が湛《たた》えられるようになるだろう。蕃山はこのような逆説を悲観的に語っている」

300年以上も前に書かれたこの蕃山の、人間の未来に対する不気味な警告ともとれる文章は、抑制のまったくない経済的な発想と消費を優先する「現在」と、自然と人間とは一体の関係にあるということを忘れさせ、消費と開発を当然のこととして自然を破壊している「近代」とに対する鋭い批判にほかならない。蕃山の言葉は、さまざまな自然汚染や地球環境が加速度的に悪化している300年余りを経た今日、ますます真実味を帯びつつある。

自然界における山林という存在の重要性を、蕃山は次のように表現する。

「人の五臓壱《ひと》ツも破れば人命保《たもつ》べからず。日本国中山《やま》つき川《かわ》変ぜば天下乱《みだ》るべし。今山林つき川《せん》沢《たく》埋れたるは五行《ごぎょう》かけ五臓《ごぞう》破れたるがごとし」

山川＝自然に対する蕃山の思いいれの深さは、同種の表現において、その著書のなかで次のように幾度も繰りかえされている。

「山沢《さんたく》気を通じて流泉を出《いだ》し、雲霧を発して風雨をなすものは、山川の神なる処なり。五日に一度風吹ざれば草木延《のび》らかならず。蟲《むし》つき病を生ず。十日に一度雨なくんば五穀草木の養《やしな》ひ全《まった》からず。故《ゆえ》に山川は万物生々《ばんぶつせいせい》の本《もと》、蒼生悠々《そうせいゆうゆう》の業、是《これ》に仍《より》てあり。然《しか》らば山川は天下の本《もと》なり」

人間は自然界の一存在として、ほかの生きとし生けるもの、それを取りかこむ生命なき自然と一体となって、生々やむことのないこの大なる自然、有機体としての大宇宙を形成している。陽明学譲りの万物一体思想は、蕃山によってこう語られる。

「万物一体とは、天地万物みな太虚《たいきょ》の一気より生じたるものなるゆへに、仁者は、一草一木をも、其《その》時なく其理《ことわり》なくてはきらず候《そうろう》。況《いわん》や飛潜動走（鳥獣虫魚）のものをや。草木にても、つよき日でりなどに、しぼむを見ては、我心《わがこころ》もしほるゝ（しおれる）ごとし。雨露《うろ》のめぐみを得て青やかにさかへぬるを見ては、我心もよろこばし。是《これ》一体のしるしなり」

蕃山は、その新田開発反対論にみられるように、経済優先の論理を否定し、自然に対し必要以上に人間の手を入れる国土開発や、奢《おご》りに伴う大量消費に反対し、その結果生じる自然＝山林の破壊をきびしく批判した。これこそ、わが国最初の環境保全論者とされる所以《ゆえん》である。

現代的に解釈すると

　農林水産省は平成11年の「食料・農業・農村基本法」において、農業のもつ多面的機能を取りあげ、この機能を発揮させることを強調している。２００１年版の「環境白書」では、政府は、地球環境保全の観点から「大量生産・消費・廃棄社会」という近代産業や消費社会からの脱却をあげている。また、平成15年の閣議で決定された「土地改良長期計画」では、「いのち」「循環」「共生」の視点にたって、環境との調和に配慮しつつ計画的かつ総合的に土地改良事業を進めると決議している。

　また、蕃山の「水土」の概念は風土・風俗をも意味するが、なによりも自然環境を意味する。中国秦王朝の始皇帝に仕えた呂不韋《りょふい》が編纂《へんさん》させたと伝えられる『呂氏春秋《りょししゅんじゅう》』には、「天地の気、寒暑の和、水土の性に根ざして、人民鳥獣草木の生がある」と書かれている。

　天地の気候、水と土の性にもとづいて、人間や生物の生があるといわれるとき、天地の気や寒暑は天地の全体にわたる気の運行に関わるから、いわばグローバルな現象である。しかし、水と土は一定地域のものであり、ローカルなものだ。ローカルであることを示すのが「水土」の概念である。ここで「水土」の概念は、和辻哲郎のいう「風土」の概念に近い。

　蕃山は、「山川は国の本である」というグローバルな認識と、「日本は小国であって、山沢は浅くなってしまった、その原因は驕奢《きょうしゃ》による過剰な山林の伐採にあった」というローカルな視点とを統合した。

　また、「ちかごろ日本の水土によって山沢草木人物の情と勢とをみるならば、易簡《いかん》の善《ぜん》でなくては行き渡りません」と、理念的な価値を提案する。

今日の世界的な温暖化に代表される地球環境問題が、結局は人間の自然への無制限な寄生に由来していることからみれば、「近代」という時代がやっと蕃山の主張に追いつきかけたともいえる。蕃山は、人間の世界における山川の価値、自然界における山林と河川の重要性を繰りかえし語った。経済を優先し、人間による勝手気ままな自然破壊は子孫を滅ぼし、人類を滅亡に導くと語った蕃山の信念は、まさに、わが国の環境を心した最初の人ということができる。この思想の延長した先は、地球環境の保全である。

現在さまざまな環境問題について、たとえば「経済協力開発機構（ＯＥＣＤ）の農業環境指標」や世界貿易機関（ＷＴＯ）など世界標準として原則としたものをどのように受けいれるべきかということが議論されているが、蕃山ならば、単純にこの方向だけをとることに対して批判的な態度を示すだろう。すなわち、地域的特殊性を認識したうえで、その標準をどのようにみるべきかを批判的に検討し、両者を適切に統合することが重要であると主張するだろう。蕃山は、柔軟性を欠いた普遍的な理念の適用に対してつねに懐疑的であり、批判的だったからだ。まことに風土がわかっていた人といえる。

参考資料
南方熊楠（１９７１）『南方熊楠全集７』平凡社
飯沼招平（１９７４）『南方熊楠、人と思想』平凡社
桑子敏雄（１９９９）『環境の哲学　日本思想を現代に活かす』講談社学術文庫

大橋健二（２００２）『反近代の精神熊沢蕃山』勉誠出版

上杉鷹山《うえすぎようざん》：１７５１～１８２２年

ケネディが尊敬した人

いまから50年前の１９６１年に、第35代米国大統領に就任したジョン・Ｆ・ケネディは、日本人記者団からこんな質問を受けた。「大統領が日本でもっとも尊敬される政治家はだれですか」。ケネディは上杉鷹山を挙げている。

関ヶ原の戦いで石田三成に加勢した上杉家は、徳川家康により会津１２０万石から米沢30万石に減封され、跡継ぎ問題でさらに15万石に減らされた。収入は八分の一になり、藩の財政は急激に傾いた。この状態を立て直すため、「自助」と「互助」と「扶助」の三助の方針を立て、米沢藩を財政的にも精神的にも美しく豊かな共同体につくり替えたのが、第９代米沢藩主の上杉鷹山であったことは有名な話である。

この三助の精神こそが、ケネディをして次のことを言わしめた。

それゆえ、わが同胞、アメリカ国民よ
国家があなたになにをしてくれるかを問うのではなく

あなたが国家に対してなにができるか自問してほしい。

米沢藩のような財政的にも精神的にも美しく豊かな共同体には、当然なことながら背景に環境の保全という精神が流れている。なぜなら、「環境を保全」するとは、人間と自然に関わることであり、環境が人間を離れてそれ自体で「保全する、しない」が問われるわけではない。両者の関係は人間が環境をどのようにみるか、環境に対してどのような態度をとるか、そして環境を総体としてどのように価値づけているかによって決まるのである。

上杉鷹山は藩政改革の旗手であるとともに、わが国の環境を守るために心して取りくんだ人のひとりであった。イギリスの女性探検家イザベラ・バードが、このことに気づいた。明治初年に日本を訪れた彼女は、いまだ江戸時代の余韻を残す米沢の地についての印象を、『日本奥地紀行』で次のように書いている。

米沢平野は、南に繁栄する米沢の町があり、北には湯治客の多い温泉場の赤湯があり、まったくエデンの園である。「鋤で耕したというより、鉛筆で描いたように」美しい。米、綿、とうもろこし、煙草、麻、藍、大豆、茄子、くるみ、水瓜、きゅうり、柿、杏、ざくろを豊富に栽培している。実り豊かに微笑する大地であり、アジアのアルカディア（桃源郷）である。自力で栄えるこの豊沃な大地は、すべて、それを耕作している人びとの所有するところのものである。……美しさ、勤勉、安楽さに満ちた魅惑的な地域である。山に囲まれ、明るく輝く松川に灌漑されている。どこを見渡しても豊かで美しい農村である。

直江兼続から上杉鷹山へ

上杉鷹山を語る前に、どうしても登場してもらいたいきわめて重要な人物がいる。それは関ヶ原の戦いの仕掛け人で、石田三成に加勢した上杉家の名家老として知られる直江山城守兼続（１５６０～１６１９年）である。すぐれた農政家でもあった直江山城守が、米沢領の政治と文化の原型をつくり、江戸期に上杉鷹山がそれに磨きをかけたといっていい。

直江山城守は米沢領をまわっていて、ときとして馬から降りては土壌を舐《な》め、その土壌に適する作物を植えるよう指導したといわれている。いまでいう適地適作のすすめで、土地分級といわれる分野である。それ以来、米沢付近ではその土地にあった畑作が進められている。梓山《ずさやま》大根、遠山かぶ、窪田なす、梨郷《りごう》たかな、砂塚ごぼう、などがその例である。

また、侍屋敷の貧弱な垣根には「ウコギ（五加木）」垣をつくらせた。美観のためでなく、新芽を摘んで食用にするためのものであった。また『四季農戒書』を著し、田畑の耕作のやり方を教え、家族全員でおこなう農業の様を教授している。

この直江兼続の精神は上杉鷹山に引きつがれた。鷹山は耕作を激励するために「籍田《せきでん》の礼《れい》」を敢行した。

「籍田」とは、古代中国の周でおこなわれた儀礼で、天子が国内の農事を励ますため、自ら田を踏み耕し、収穫した米を祖先に供えたことからはじまった。凶作などで困窮し、働く意欲を失いかけていた米沢藩の農民を復帰させるために、鷹山は自ら籍田の礼をおこなったのである。このことにより、家臣団による新田開発もはじまった。

これに対して、江戸中期の儒学者、細井平洲（1728〜1801）は「万民の安利を思い南郊の汚泥に御足をけがし鋤鍬を取給ひしことは希にみる美事であり、六十余洲の手本なるべし」と褒めたたえている。

ちなみに、細井平洲の著書『嚶鳴館《おうめいかん》遺草』は、吉田松陰（1830〜1859年）をして「この書は経世済民の書であって、士たるものは必ず読むべき書である」、西郷隆盛（1827〜1877年）をして「民を治める道は、この一巻で足りる」と言わしめたものだ。

桜の古木

上杉鷹山が藩の改革の根本精神に据えたのは、孟子の「恒産なきものは恒心なし」だった。一定の生業や収入のない人は、つねに変わらぬ道徳心をもつことができない。生活が安定していないと精神も安定しない。このことは、よりよい生活環境の保全を意味する。よい環境に生きれば、人の心もよくなる。人の心が生き生きとしていれば、環境もよくなるということである。

産業振興にはできるだけ付加価値を加えようとしたのが、鷹山のやり方である。苧《からむし》、桑、紅花、漆、楮《こうぞ》などを栽培して、青苧《あおそ》や絹等の繊維、紅、染料、漆蝋、和紙等の特産品を生産した。小さな川、湖沼や水田には鯉を入れ、その糞を環境にやさしい肥料として活用した。先に記したウコギも付加価値の代表的なものである。

山形市から西の方角、長井線の終点にあたる荒砥駅近辺に白鷹町がある。そこには養蚕の神様と敬われた白鷹山（９９４メートル）がそびえている。おそらく上杉鷹山の号は、この白鷹山からとられたものだろう。

この町には桜の古木があった。あるとき、この桜が元気を失い、町の人が心配して調査をすると、「四方へ伸びた根の上に、道路ができて走行する車の圧力で桜が滋養分を十分に吸えない」ということが判明した。このままではいけないと、町長は「道路を壊して、桜を守ろう」と決断した。この主張は町議会の承認も得られ、町民も賛成した。道路が壊されると、桜は息を吹き返したという。

「これも、鷹山公の教えです」と町長は淡々と語ったそうだ。長井線に沿って「置賜《おきたま》さくら回廊」がこの地に保全され、しかも樹齢６００年から１２００年にいたる古木がそのまま保たれているということは、鷹山だけではない代々の支配者が、「開発をおこなうときにも、絶対に桜の古木を切ってはならない」と命じたためであろう。

鷹山の時代、米沢藩は財政が火の車だったから、新田開発のためには寸土も欲しい。藩によっては、「たとえ由緒ある古木でもやむを得ない」と、桜の古木を切りたおし、その跡に田畑を開くようなことが多かったにちがいない。

しかし、鷹山はそれを許さなかった。「そんなことをしたら、恒心を養うためのよい恒産（環境整備）ができない」と頑張ったのである。先に述べたように、その意志とそれを守りつづけた時間が、イザベラ・バードをして、この地をアジアのアルカディア（桃源郷）と言わしめたのである。

江戸時代中期の安永年間、鷹山の時代に建立されはじめた草木塔《そうもくとう》も、鷹山が環境に心した証《あかし》だろう。

これは草木の魂を供養するための塔で、自然石や加工石材に「草木塔」とか「草木供養塔」と刻まれている石造物を総称したものである。

草木にも人間と同じように霊魂が宿る。人間がその草木を切りたおし、これによって恩恵を得ることに対する感謝と供養の心が込められている。環境倫理の原点は、まさにここにある。

調査によれば、草木塔は全国に93基ある。山形県内には86基、そのうち61基が山形県南部の置賜地方にあるという。米沢市塩地平にある草木供養塔が最古のもので、１７８０年（鷹山30歳のとき）に建立されている。

ここに紹介した桜と草木塔の話は、産業振興や経済復興のためだけに「恒産なければ恒心なし」と叫ぶのではなく、いまこそ環境保全のためにこの言葉が重宝されなければならない時代であることを教えている。

参考資料
イザベラバード・高梨健吉訳（１９７３）『日本奥地気候』（東洋文庫２４０）平凡社
司馬遼太郎（１９７８）『街道をゆく10』朝日新聞社
中村　晃（１９９５）『直江兼続』ＰＨＰ文庫
川勝平太（１９９７）『文明の海洋史観』中公叢書
童門冬二（１９９７）『上杉鷹山』集英社文庫

栗田定之丞《くりたさだのじょう》：1767～1827年

日本の麗しき松原――「風の松原」

日本の自然を代表する景観として、古から人びとに広く親しまれてきた海辺の松原がある。古来「白砂青松」と謳われてきた松原は、海岸の波打ち際を果てしなくつづく砂浜に青々とした美しい景観を添える。羽衣伝説に語りつがれるように、日本の美の代表でもある。そこに立ち白砂青松を眺め、波が白砂をゆったりと洗う音を聴くと、心まで洗われる。

かつては、全国にさまざまな松原があった。昔から有名な名勝地としては、京都府宮津市にある「天橋立」、静岡県清水市にある「三保の松原」、福井県敦賀市にある「気比の松原」、佐賀県唐津市にある「虹の松原」、さらにここで紹介する秋田県能代市にある「風の松原」がある。これらの松原をあわせて、日本五大松原といわれている。

このなかでもっとも大きいのは「風の松原」だ。日本海に沿って1キロメートルの幅で、南北に14キロメートルにわたる「風の松原」の総面積は760ヘクタールに及び、そこにはクロマツが約700万本も植えられている。いまでは、人びとの憩いの場であるとともに観光名所となっている。

この「風の松原」は、もともとは飛砂から町を守り農業を興すために、たったひとりの男が植林をはじめたことに端を発している。その男が、栗田定之丞である。

栗田定之丞の生いたち

栗田定之丞如茂は秋田藩士高橋勝定の三男に生まれ、後に栗田茂寛の養子になった。定之丞の生い立ちについては、司馬遼太郎の『街道をゆく29』に詳しく書かれている。少し長くなるが、一部引用する。

秋田佐竹家の家中《かちゅう》の栗田定之丞《くりたさだのじょう》（1767〜1827）の人柄、境涯、そのよさというものは、江戸中期の家中の（むろんよいほうの）典型といっていい。

栗田定之丞は、高橋という小さな身分の家に生まれ、14歳のとき、栗田家の養子になった。栗田姓というのは、佐竹家の旧領だった常陸《ひたち》（いまの茨城県の大部分）にもある。常陸の那珂《なか》郡に下小瀬《しもおせ》という盆地があり、山城を下小瀬城といった。常陸時代の佐竹氏が、一族を城主にしていた城である。関ヶ原のあと、佐竹氏が秋田に移封《いほう》になったあとは、廃城になった。栗田氏の祖は、察するに下小瀬城の侍で、主家の移封とともに秋田へ移ったものかと思われる。

まことに微々とした家禄で、十五石《こく》五人扶持《ぶち》しかない。

ただし、十五石でも、石《こく》高取りである。士官というべき身分で、それより下の扶持米《ふちまい》取りの下士からみれば、仰ぐべき身分だった。とはいえ、十五石やそこらでは、食ってゆけない。お役目についてお役料というものを頂戴しなければ、くらしが立たないのである。栗田定之丞は成人すると——おそらく親類の者などが運動したのであろうか——御金蔵《ごきんぞう》の御物書《おものかき》という役にありついた。

「物書《ものかき》」

という古い日本語は役職名である。記録を書く役。書記。

侍の世界だけでなく、町人の世界でも、会所《かいしょ》とか株仲間《かぶなかま》では、記録のために物書をやとっていた。江戸時代は文書の時代でもあり、その意味では物書たちの時代でもあった。……

……御金蔵の物書といっても、定員があった。ただし、定員外ながら一定のわくの人間を採った。

そういう定員外の者を「加勢《かせい》」といった。

栗田定之丞は、その加勢だった。

三十まで、どうやら加勢のままでいたらしい。

栗田定之丞には、晩年の肖像が残っている。ほお骨が大きく、目がほそく、全体にがっちりした顔つきで、意志がつよそうである。

定之丞が壮齢に達した時代は、異国船の出没する時代だった。秋田藩は日本海にのぞんでいるから、ロシア船が多かった。

当時の幕府の老中は、有名な松平定信である。かれはこれをもって日本国の危機と見、海防策をたてた。

寛政３（１７９１）年、海岸をもつ諸藩に、警備の万全を期するように令達した。

秋田藩も令達をうけて、海岸に番所をつくった。

いまは秋田市内に入っているが、市中から南へゆき、雄物《おもの》川の河口を南にわたって海岸に近づくと、浜田という地名がある。さらに海岸に寄ると、中村という字《あざ》がある。藩はそこに見張《みはり》番所をたてた。つまり番人というあたらしい職ができたのである。栗田定之丞は、その職にありついた。寛政8(1796)年から一年間このしごとをした。外国船はついに見なかったが、それ以上のモノを見た。

飛砂だった。

クロマツの植林成功

飛砂という大自然の猛威をみた翌年の1797年、定之丞は郡方砂留吟味役を仰せつかり、能代の海岸の砂防植栽に取りかかる。地元の村に直接出向いて、村民に松苗を植えるように説く。「砂を留めて林にすれば薪にもなるし、堆肥にも役立つ。なによりも命の種の田畑が砂にうずめられなくてすむ」と。

しかし、農民は自然の驚異に為すすべもなく、あきらめていた。定之丞は、自分がやってみせるほかないと考え、私費を投じて砂に強いというグミやヤナギを植えた。一冬が過ぎ現場に戻ってくると、無惨な結果をみることになる。植えたものはすべて砂に埋没しているか枯死していた。

それでもあきらめず、試行錯誤しながら植栽をつづけた。砂は、飛び、走り、なにもかも呑みこんでいく。飛砂の現象を把握するために、寒中にムシロをかぶって砂丘で寝ることもあったといわれる。そんなある日、海岸を巡視していた定之丞はあるものをみつける。ほんのわずかな緑の葉が、砂のなかから顔を出していた。

それは自分が植えた一株のグミであった。どうして、このグミだけが葉を付けて生きのびることが

できたのか？　その周囲には波に打ちあげられた枯木が一本横たわっており、それに古草履がひとつ引っかかっていた。このたったひとつの古草履が飛砂を防ぎ、そのおかげで一株のグミがシベリアからの北風にも負けず、根付くことができたのである。

定之丞は、1メートル半ほどの木の枝を集め海岸一帯に連ねて垣をつくり、垣ごとに古草履をかき集めて風よけをつくった。その風下に当たる位置に、まずヤナギを植えた。翌年の春、ヤナギは芽を吹きだした。次は同じ方法で、グミやネムの木を植えてみた。これも成功する。そして、次の段階でクロマツを植え、植林に成功するのである。いまの日本の海岸のあちこちでみられる「衝立《ついたて》工」の技術が、このとき体系化されたともいえる。

あきらめていた村人たちも定之丞の熱意に打たれ、全村をあげて協力した。勝平山の植林は、新屋南方の林が完成したあとの文政５（１８２２）年から開始されたが、完成したのは定之丞の没後の天保３（１８３２）年であった。植栽されたクロマツは３００万株に及び、ついにその成功をみるに至った。これが日本海に沿って南北に延長14キロメートルもつづく「風の松原」の基である。

栗田神社

栗田神社は、飛砂の被害から新屋を救った栗田定之丞の恩に報いるために建てられた神社である。祭神は、栗田定之丞如茂大人《ゆうきしげうし》。定之丞は、病をえて文政10（１８２７）年に60年の生涯を閉じた。砂防林事業にあたって定之丞に献身的な協力をした大門武兵衛と佐藤藤四郎のふたりが、翌文政11年、割山の旧新川通（船場町、渡部豆腐店裏の小丘の辺り）に小祠《しょうし》を建て、栗田大人を祀った。

村人たちも深くその功徳を追慕し、天保３（１８３２）年に藩儒奥山君鳳に碑文を請い、「栗田君遺愛碑」を建立した。そして安政４（１８５７）年、村人たちは藩に請願して、とくに一社を建て、栗田大明神と称することを許され、いまの雄物川放水路の中程あたりにこの神社を建立した。

その後、雄物川改修工事（１９１２年）のとき社殿を現在地に移転した。また、昭和10（１９３５）年に新築され現在にいたっている。鳥居をくぐると、ゆるい傾斜地のその奥に社殿が建ち、入り口の右手には天保3年に刻まれた「栗田君遺愛碑」がある。砂地の松林のなかにある社殿は、植林に一生を捧げた定之丞にふさわしいたたずまいをみせている。

砂防林研究の功績書

栗田定之丞は、３冊の功績書を残した。「中祖如茂君御勤功御扣并御役頭御同役より防砂御成功御勤形御尋ニ応し被仰遺候御扣」、「中祖如茂君防砂御注進被仰立御成功ニ付文政之度下筋拾ケ村百三段新屋村より御安地ニ相成候段申出候書」および「中祖如茂君御公用御文通御扣」の翻刻がそれである。

寛政年間から文政年間まで、いまの能代市から秋田市にかけての日本海沿岸の砂防林造成に力を注いだ砂防林研究の貴重な資料と、享和元年と享和二年の日記と、日記の紙の裏に書かれた記録が翻刻されている。日記は、定之丞の職務上の引継書を月日順にならべたもので、当時の村々の状況がよくわかる史料である。砂留め事業の記録からは、農民たちに厳しい定之丞であったが、藩吏として農民の実状に通じ温情をもって事にあたっていたことがわかる。

純粋な狂気

「農業と環境」を守ると、口で言い文章にすることはいとも容易《たやす》い。砂留《すなどめ》役という職名のもとに、飛砂が定之丞の後半生を物狂いにさせた。砂は飛び、動き、走る。この現象を明確に認知するため、彼は寒中、莚《むしろ》をかぶって砂丘で寝ることが多かった。環境と農業を守ろうとするこの狂気と憑きはいったいなんであったのか。

それは、定之丞が飛砂が耕作地や家々を犯していることに恐ろしさを感じ、砂をとめて林にすれば薪になり、落葉は堆肥に役立つとの信念をもったからだろうか。なによりも、命の基の田畑が砂に埋められずにすむということだったのではないか。

この純粋な狂気に、農民たちは定之丞をいやがり、「火の病《やまい》つきて死ねよ」とののしったという。火の病は熱を伴う伝染病のことで、つくというのは患《かか》るの意味である。火の病にでもかかって死にやがれ、ということだ。しかし、定之丞は「耳にも懸《か》」けなかったという。

農業と環境を守るとは、これほどの物狂いが必要なのか。かれの物狂いのお陰で、後生のわれわれは、麗しき白砂青松と豊かな田畑を与えられた。しかしグローバリゼーションという大きな潮流が、この国の農業と環境を、ちょうど定之丞が恐れた飛砂のように襲いかかっている。ひとりやふたりの物狂いがでたとしても、このあまりにも巨大な潮流に対抗できるのだろうか。しかし残念なことに、その前にこの国では、この種の物狂いが生まれにくい社会構造ができあがってしまっているのは、いかんともし難い。

参考資料

司馬遼太郎（１９８７）『街道をゆく29』朝日新聞社
能代市資料　第30号（２００２）「栗田定之丞文書（一）」能代市史編さん室
能代市資料　第31号（２００３）「栗田定之丞文書（二）」能代市史編さん室

ヨハネス・デ・レーケ：1842〜1913年

木曽三川と宝暦治水

デ・レーケを紹介する前に、木曽三川《きそさんせん》と宝暦治水（1735〜1755年）のことを語る必要がある。

木曽三川は、濃尾平野を通って伊勢湾に注ぐ一級河川の総称だ。東から順に木曽川、長良川、揖斐《いび》川《がわ》とつづく。木曽川は長野県の山奥から、長良川と揖斐川は岐阜県の山間部からそれぞれ大量の水を運ぶ。

この三川は古くからたびたび決壊し、毎年のように大洪水を起こし、そこに住む人びとを苦しめつづけた。人びとは四方を堤防で囲んだ集落「輪中《わじゅう》」で暮らし、濁流に呑みこまれそうになると、石垣の上に築いた「水屋」と呼ばれる蔵に避難したり、屋根裏に常備した「上げ舟」に逃げこんだ。

徳川幕府は、宝暦３（１７５３）年の大洪水のあと、水害に苦しむ人びとの声を聞き、三川分流計画をもとに、木曽三川分流工事をおこなうことにした。この木曽三川の治水工事は、薩摩藩に命じられることになる。もちろん、薩摩藩の勢力を弱める目的がそこにはあった。薩摩藩は、１７５４年２月、平田靭負《ひらたゆきえ》を総奉行として、この難工事に着手した。これが、本格的な三川治水のはじまりである。

薩摩藩から家老以下９４７名、これに土地の人夫などを加えると、約２千人もがこの工事に参加した。その費用は当時のお金で40万両といわれ、いまなら何千億円にも相当する大工事だった。しかし、工事は困難をきわめた。幕府の方針で工事の計画がたびたび変更されたり、大雨による資材の流失などがその理由である。

この工事は、多くの犠牲者のうえに完成する運びとなる。工事中に薩摩藩士の51人が切腹、32人が病死する結果になった。総奉行の平田靭負は、多くの藩士をなくしたことや借金の責任から切腹した。さまざまな困難のうちに、工事は宝暦３（１７５５）年３月にやっと完成する。

薩摩藩士は苦しかった工事の思いをこめて、油島《あぶらじま》のしめ切り堤の上に千本の「日向松《ひゅうがまつ》」の苗を植えた。いまなお、千本松原の松並木は当時の歴史を私たちに語りかけている。

昭和13年５月、油島の南の千本松原のはじまる場所に治水神社が建立された。この神社は、宝暦治水の完成に力を尽くしながら自刃していった平田靭負を祭ったものである。これらのことは、ことほど左様に木曽三川分流工事が難事業であったことを物語る。これほどの難事業が完成したとはいえ、明治維新後も水害はつづく。三川が平野の各所で合流し、網のように入りみだれていたため、堤は簡単に決壊したのである。

ところが、20世紀に入ってからの１００年間に木曽三川が決壊したのは、昭和51（１９７６）年９月12日のただ１度だけだった。台風17号に伴う集中豪雨で、岐阜県安八《あんぱち》町の長良川右岸が決壊し、床上・床下浸水３４００余戸という被害が出たが、死者はたったひとりにとどまった。

この３つの「暴れ川」を近代の水理工学によって見事に制御したのが、明治６（１８７３）年に来日し、30年間も日本に滞在したオランダ人の水理土木技師、ヨハネス・デ・レーケである。このほかにも日本各地の河川や港湾を50か所以上も調査し、１５０余りの報告書を政府に提出し、多くの事業を完成させたデ・レーケは、日本人の命の恩人と呼ぶにふさわしい人である。

郵　便　は　が　き

料金受取人払

葉山局承認

32

差出有効期間
平成24年6月
30日まで
(切手不要)

240 0112

神奈川県三浦郡葉山町
堀内318
清水弘文堂書房葉山編集室
「アサヒ・エコ・ブックス」
編集担当者行

Eメール・アドレス(弊社の今後の出版情報をメールでご希望の方はご記入ください)

ご住所

郵便NO□□□-□□□□　お電話　(　　)

(フリガナ) 芳名	男・女	明・大・昭 年生まれ	年齢 歳

■ご職業　1.小学生　2.中学生　3.高校生　4.大学生　5.専門学生　6.会社員　7.役員
8.公務員　9.自営　10.医師　11.教師　12.自由業　13.主婦　14.無職　15.その他(　　)

ご愛読雑誌名	お買い上げ書店名

●本書の内容・造本・定価などについて、ご感想をお書きください。

●なにによって、本書をお知りになりましたか。

A 新聞・雑誌の広告で（紙・誌名　　　　　　　　　　　　）
B 新聞・雑誌の書評で（紙・誌名　　　　　　　　　　　　）
C 人にすすめられて　D 店頭で　E 弊社からのDMで　F その他

●今後「ASAHI ECO BOOKS」でどのような企画をお望みですか?

ヨハネス・デ・レーケの生涯

デ・レーケは、国土の約３分の２が海抜ゼロメートル以下のオランダのコリンスプラートに１８４２（天保13）年に生まれた。父親は堤防を築く職人で、少年時代は父親の仕事をよく手伝ったといわれる。父親の工事現場で、後にアカデミーの教授となる技官を知り、数学や物理学を教わった。

明治６（１８７３）年９月、当時30歳のデ・レーケは、妻と義妹とふたりの幼児を伴って大阪に降りたった。オランダから蒸気船で約１か月半の旅だった。明治政府が高額の月給を支払って、数多くの外国人を日本に招き入れた「お雇い」の技術者のひとりである。

来日の翌年には大阪淀川の上流部の調査をはじめ、大阪築港のために港域に土砂を流入させる淀川改修計画書を提出した。同8年には、京都府相楽郡の不動川に石積みの砂防堰堤《さぼうえんてい》を築き、その年の11月から木曽三川流域調査を開始した。この調査の結果はまとめられ内務省に報告されている。

これに基づいて三川流域の治山工事がはじまった。同19年4月、木曽三川流域改修計画平面図が完成し、同20年、第一期工事が開始される。木曽川すじの海津町成戸《なりと》から日原《ひわら》まで、木曽川と長良川を中堤《なかてい》で分流する工事だった。

同24年には、天皇陛下から副大臣級の勅任を受けた。同29年に第二期工事がはじまり、第一期より南の三川の中提や新提がつくられてゆく。同33年には、揖斐川すじをまっすぐにのばし新提ができあがり、この年の4月、木曽川と長良川の両川起点で「三川分流成功式」が盛大に催された。

この間、明治17年から34年のあいだに富山県の常願寺川流域の調査、神通《じんつう》川のほか3河川の現地調査もおこなっている。これらの仕事に対して、36年には勲二等瑞宝章が与えられた。

しかしデ・レーケは、多くの悲しみとともに30年間過ごした日本を去った。母国オランダに帰国したのは、明治36年である。

その悲しみとは、家族や親類を日本で次々に失ったことである。息子のエレアザルが明治8年、義妹のエルシェが明治12年に死亡した。さらに最愛の妻ヨハンナがコレラに苦しみながら息を引きとったのは、明治14年だった。彼女は32歳の若さであった。

帰国したデ・レーケは、その後、明治39年に上海港工事の技師長としてふたたび招かれた。同44年に仕事の途中で帰国するが、工事は翌年に完成した。そしてその翌年の大正２（１９１３）年、工事の完成を待っていたかのように70年の生涯を閉じる。

木曽三川流の改修

明治29（１８９６）年に河川法が成立した。これに先立って木曽川では、明治20年から10年計画で本格的な改修事業が着手されていた。目的は、木曽三川の洪水防御、堤内の排水改良、舟運路の整備だった。改修の主たる計画は、木曽川、長良川、揖斐川の完全分流、低水路の整備、木曽川、揖斐川河口での導水（流）堤の設置、木曽川と長良川の舟運路の連絡のための閘門《こうもん》の設置などである。

この改修計画を策定したのがデ・レーケであることはすでに述べた。彼は、明治11（１８７８）年から毎年のように現地調査をおこなった。デ・レーケの補助者には、わが国で近代教育を受けたふたりの若い内務省技師、清水済と佐伯敦崇が任命されている。

この調査結果は、川を治めるには、まず山を治めるべしという彼の信念に基づき、「木曽川概説」にまとめ、内務省に報告した。これに基づいて、三川流域の治山工事がはじまった。デ・レーケは、この報告書で具体的な策と将来の方向も示した。つまり、木曽川に高い丈夫な連続堤防を築き、河口に導流堤を築いて土砂を海の深部まで流れるようにすること、上流部の山林の無秩序な乱伐をやめさせ、川のなかの耕作地を取りこわして洪水を流れやすくする必要があることなどである。

「木曽川下流河川改修」の本格的な工事は、明治20年からはじまり、工事は４期25年に及ぶ大規模なものだった。おもな工事内容は、次のようなものである。

１　木曽三川を完全に分流する。

2　屋川をしめ切って川をなくす。
3　立田輪中に新たに木曽川新川を造る。
4　大榑《おおぐれ》川、中村川、中須川をしめ切る。
5　高須輪中に新たに長良川新川を造る。
6　油島洗堰《あらいぜき》は完全にしめ切る。
7　船頭平《せんどうひら》に閘門を造る。
8　木曽川等の河口に導流堤《どうりゅうてい》を造る。
9　水門川・牧田川・津屋川の揖斐川への合流点を下流に引きさげる。

この工事が終了して以来１００年余り、長良川が決壊した「９・１２豪雨災害」（１９７６年）の例外を除いて、木曽三川での水害はなくなった。デ・レーケは、わが国の「治水の恩人」といっても言い過ぎではないだろう。

山を守ることが川を治めること

デ・レーケの愛妻がコレラに苦しみながら息を引きとったことは、すでに述べた。来日から8年、異国の地で夫を支えた妻の死。しかし、彼は日本にとどまった。それどころか、この年の夏から木曽三川の上流に入りこみ、なにかに突きうごかされるように改修の計画図をつくるための調査に打ちこむのである。長野県南木曽町の森林監視所など木曽川上流の険しい山岳地帯を歩き、調査・測量をしながら、１日に13か所の峠を越えることもあった。日本人全員が休むお盆にもひとりで現地に出かけたという。

愛妻を亡くした男が、悲しみを乗りこえるために仕事に熱中したとみる人もあったかもしれないが、そこには、水害からなんとしても住民の命と土地を守りたいという彼の強い思いがあったのだと思う。あるいは、日本のためというよりは、母国のために、オランダ人技術者としての誇りをもって改修に取りくんだのかもしれない。

多くの調査に基づいて、デ・レーケは土砂の流入そのものを食いとめることを考えた。上流の淀川をくまなく調べて改修の必要性を痛感し、さらに源流をたどって、山々の砂防と植林が大前提であるとの結論に達した。砂防と植林が、デ・レーケの河川改修の原点にあったのである。

当時は幕末の混乱のあおりで、森林の所有権と保護政策が事実上崩壊しており、各地で住宅建設や燃料のため、樹木が乱伐されていた。わが国の山々の大半は肌がむき出ており、風化した土砂が河川に流れこんでいた。

デ・レーケは、樹木の乱伐を禁止する規則案を内務省に提出した。そのなかには、「山を守ることが川を治めることにつながる」という考え方が述べられていた。デ・レーケは講演でも次のことを演説しつづけた。「このような素晴らしい眺めといい気候の国は、世界でも数少ないと思います。自然の力によって子孫たちに引きつげば、荒廃した山々はいずれ、美しい樹木で覆われるでしょう。所有者たちはこれまで、自然の恵みだけで満足せず、山々を好き勝手に使っていたのです」

デ・レーケが、いかに環境に心して取りくんでいたかを証明する別の事項を紹介して、この項を終える。

デ・レーケの功績に、ワンド（湾処）の形成がある。ワンドとは、川岸にできているゆとりのある空間あるいは川縁のことだ。ワンドには、水辺を好むヨシやモが生えやすく、本流と水の行き来があるため、魚の産卵や成長には絶好の場所となり、昆虫や水鳥も多く生息する。ワンドの形成は、生物多様性にとっていかに重要であるかを彼は知っていたのだ。われわれは最近このことに気がつき、いまその対応に当たっている。これこそ、まさに温故知新のよい例である。

ワンドの元になったのは、オランダ人技師らが多用した「ケレップ水制」と呼ばれる工事技術である。小枝や下草を何重にも編みこんだものに大きな石を乗せて川底に沈め、川の両岸から中央に向けて突きださせる。すると、川の流れが中央に寄って水深が深くなり、航路を確保できる。

明治半ば以降、デ・レーケらの考え方は後退した。日本の河川行政は、堤防を高く築き、曲がりをできるだけ直線にする治水一辺倒へと傾斜していったのである。

彼は、環境の保全は自然科学の技術知だけではだめで、生態知を含めた社会科学や倫理観を含んだ統合知をもって成すべきであると語りつづけている。

参考資料

産経新聞「この国に生きて：ヨハネス・デ・レーケ」（２００２年２月４日～10日）

古在由直《こざいよしなお》：１８６４～１９３４年

公害問題に最初のメスを入れた科学者

科学者として日本の公害問題に最初のメスを入れたのは、古在由直である。あの渡良瀬川沿岸の足尾銅山の鉱毒調査に全力を注ぎ、わが国で初めて公害問題を提起した学者、古在由直は、現在の独立行政法人農業環境技術研究所（茨城県つくば市）の前身（農業技術研究所）の、また前身である農事試験場の第２代目の場長（明治36～大正９年）だった。農業環境技術研究所の前身である農事試験場は、その名前にふさわしい偉大な学者を領袖《りょうしゅう》においていたのである。場長を退いた後、古在は東京帝国大学総長を二期務めた。

足尾銅山と田中正造

古在由直を語るには、あの有名な田中正造と足尾銅山事件にどうしても触れなければならない。足尾は江戸時代から掘りつづけられた銅山であったが、幕末期には廃山同然の姿をしていた。その足尾銅山を明治10（１８７７）年に譲り受けた古河市兵衛は、鉱山の近代化を推しすすめた。その結果、明治17（１８８４）年には別子銅山を抜いて、名実ともに日本一の銅山になった。

しかし、この近代化は乱伐による山林の荒廃を招いた。その結果、山林のもつ水涵養《かんよう》機能は乱され、たび重なる洪水がもたらされた。さらに、煙害を招く結果になった。また大量の廃石、鉱滓《こうさい》、さらには酸性廃水が周囲の河川にばらまかれた。渡良瀬川では、明治13（1880）年頃から鮎が大量に死に、鮭の漁獲が激減しはじめた。

明治23（1890）年の8月に関東地方で大水害が発生し、有害重金属を含む鉱泥が渡良瀬川に大量に流れこんだ。そのため、栃木および群馬両県の田畑約1万ヘクタールが鉱毒水につかった。農作物は全滅し、数多くの魚が死滅する結果になった。これらの一連の事件から、足尾銅山の汚染問題が農民の鉱毒反対運動として広がっていく。

この反対運動のリーダーが代議士の田中正造であることは、あまりにも有名な話である。田中正造は、明治24（1891）年、足尾鉱毒に関する質問書を衆議院へ提出した。国会で公害問題が取りあげられ、質疑がおこなわれた最初のことである。その後、政府と古河家が進めた示談契約と日清戦争のため、反対運動は一時中断されることになる。

明治29（1896）年の9月8日には、安政6（1859）年以来の大洪水が栃木県の渡良瀬川を襲った。渡良瀬川下流に足尾銅山の鉱毒が流入し、東京の本所に斃死《へいし》した魚類が漂流した。この後、田中正造の指導の下に反対運動はふたたび組織化され、明治30（1897）年の3月24日には数千の農民が上京し、鉱毒問題は社会問題になった。しかし農民は憲兵に阻止され、上京できた農民は100人あまりに過ぎなかった。

このように問題が社会化したなかで、政府は第一次鉱毒調査会を設け、古河家に対して鉱毒予防工事を命ずるとともに、農民に対しては免租処分を実施した。しかし、予防工事はきわめて杜撰《ずさん》だった。また、免租処分は農民から公民権を奪い、さらに免租によって地方自治の財政的基礎をも奪う結果になった。明治33（1900）年の2月13日、足尾鉱毒被害民3千人はふたたび請願のために上京した。しかし、途中の川俣村で憲兵に襲われ68人が逮捕された。この事件は川俣事件に詳しい。政府は強硬な弾圧によって、これに応えたのである。

そうしたなかで、田中正造は明治33年2月17日、足尾鉱毒被害者救済建設議案を衆院に提出した。この議案は衆院で20日、貴族院で23日に可決される。翌年の明治34年10月23日、田中正造は衆議院議員を辞職し、12月10日の議会開院式の帰途、天皇に足尾鉱山事件を直訴した。

これを契機に世論は沸騰する。政府は第二次鉱毒調査会を設けたが、鉱毒問題を治水問題にすり替え、明治40（1907）年6月29日、被害が大きかった谷中村を廃村にし、貯水池の建設を強行した。

足尾銅山鉱毒の研究

明治23年8月に関東地方で大水害が発生したことは、すでに触れた。足尾山地に源を発する渡良瀬川は、栃木県、茨城県、群馬県、埼玉県の四県が県境を接する利根川合流地点で氾濫《はんらん》し、鉱毒を含んだ大量の水が付近一帯を浸した。この一件で鉱毒の被害はだれの目にも明らかになった。

農民は、足尾銅山の操業停止を求めて栃木県に上申書を提出した。これと時を同じくして、渡良瀬川沿岸の青年有志は畑の土と川の水を採取し、農商務省地質局にこれらの資料の分析を依頼したが、地質局ではこの申し出を拒否した。

そこで青年たちは渡良瀬川沿岸の土壌と水を採取し、当時帝国大学農科大学の助教授を訪れ、分析調査を依頼した。硬骨で公平無私で情実に左右されることのない科学者として評判が高かった古在由直が、その人であった。明治24（1891）年5月のことである。

それから2週間後、由直は被害農民に次のような分析結果を送っている。「過日来御約束の被害土壌四種調査致候処、悉く銅の化合物を含有致し、被害の原因全く銅の化合物にあるが如く候」

これら一連の調査結果は、農學會會報第16号（1892年8月20日刊行）に「足尾銅山鑛毒ノ研究」と題して発表された。当時は産学協同全盛の時代であった。そんな状況のなかで帝国大学の助教授が学会誌に発表したこの問題は、センセーショナルな出来事であり、時代に逆らう行動であったことは疑いを入れない。

農學會會報16号「足尾銅山鑛毒ノ研究」は、次のようにはじまる。

「栃木群馬両県ノ界ヲ流レ利根ニ合スル一流アリ渡良瀬川ト云フ、……」

そして次の文章で締めくくられている。

「本研究ノ分析ハ主トシテ農科大学助教授農学士長岡宗好氏ノ手ニ成ルモノニシテ農学士今関常次郎内山定一両氏ノ補助ヲ受ケタル亦尠ナカラス殊ニ記シテ三氏ノ好意を謝ス」

農學會會報16号「足尾銅山鑛毒ノ研究」の内容の概略は以下の通りである。

「第1：被害ノ区域及ヒ状況」では、栃木県の足利郡、梁田郡、安蘇郡および下都賀郡、群馬県の山田郡、新田郡および巴楽郡の渡良瀬川沿岸に散在する７郡村の１６５０余町歩にわたる地域をまず紹介する。ここで、栃木県では被害が畑地に多く、群馬県では水田に多いことがまとめられる。

「第２：被害ノ原因」では、土壌の化学的組成を調査し、銅と硫酸が被害の原因であることを究明する。そのため、数十の資料を次のように整理している。採集場所（県・郡・村・某所・有畑または有水田）、土壌の種類（表土・下層土・沈殿土）、植物の種類および状況（稲・麻・小麦・大麦・陸稲など）、酢酸に溶解する酸化銅量、全酸化銅、硫酸。

また、数点の無害地および被害地の水田土壌に含有する亜酸化鉄、酢酸に溶解する酸化銅および水に溶解する硫酸を分析し、無害田と被害田の違いを明らかにしている。

そのほか、「銅塩ノ土壌ニ及ホス感応」「銅塩ノ種子ノ発芽ニ及ホス感応」「銅塩ノ成長植物ニ及ホス感応」「亜酸化鉄塩ノ土壌ニ及ホス感応」「亜酸化鉄塩ノ植物ニ及ホス感応」「土壌化学的組成の異変（銅塩及ヒ酸性塩類ノ存在）」「土壌理学的組成の異変」「渡良瀬川及ヒ其支流ノ河水：付足尾銅山工業所出水」に関するデータが紹介される。

命がけの調査

これらの研究の結果、次のように被害の原因が突きとめられた。

足尾から排出する水は大量の銅、鉄および硫酸を含む。これらは硫黄と反応し、さらには粘土質の泥と混ざりあい渡良瀬川に沈澱する。これに雨が降り水の勢いが加わることによって泥が揺れうごく。この水を灌漑水として利用することによって被害が生じることが明らかになったのだ。

最後に、きわめて明快な「被害地除害策」、すなわち「多量ノ石灰ヲ施スベシ」と「深耕ヲ行フベシ」という技術が提案される。前者は、土壌中の有害な酸性塩を中和し、これを無害にする対策である。後者では、土壌を深耕し有害物を希釈させること、さらには多量の肥料を施用し、植物への栄養源を高めることを指摘している。ほかにも、耕耘《こううん》しない所では洪水のあとに沈澱した泥を除去するか、土を焼くことなどを提案している。

ほかには農學會會報に「河水ノ自然澄清」(12号)、「土壌中空気ノ炭酸瓦斯」(17号)、「雨水中ノ室素」(17号)などの環境に関する雑録や「硫酸銅及硝酸銅ノ毒害」(13号)および「水ノ鉛管ニ及ホス作用」(17号)などの環境に関する抄録を掲載している。当時としては、環境への関心がきわめて高い希有な学者であったといえる。

こうしたことから古在は、明治35(1902)年3月に鉱毒調査委員に命じられた。委員になると、渡良瀬川沿岸一帯を徹底的に調査することを主張したが、その主張は認められなかった。そこで由直は、「年月と経費が甚だしくて困難であるならば私がやってみせる」と啖呵《たんか》を切って自ら鉱毒調査に乗りだした。

しかし、現場では鉱山側の露骨な妨害が相次ぎ、調査は命がけであった。それでも見張りの目を盗み、古在たち調査員は田や沼をはいずり回り、土壌や水や植物などを採取して持ちかえった。採取した大量の試料は、昼夜分かたず分析されつづけた。そのときの共同研究者が、先に紹介した論文の謝辞にある助教授農学士長岡宗好、農学士今関常次郎および内山定一だ。

このときの調査は、五万分の一の地図に碁盤目のような線を引き、そこからサンプルを採集すると

いう方法を採用した。現代の系統的サンプリングに通じる方法である。客観的かつ公正な立場で資料を集めるという、まさに科学者の姿勢だった。

押しとおした科学者の姿勢

古在は、明治36（1903）年に農事試験場長兼東京帝国大学教授に任命される。その後17年間この職に従事した後、大正9（1920）年に東京帝国大学総長に選任された。総長に選ばれ、そのころ住んでいた農事試験場の官舎から本郷真砂町に転居するとき、彼は子どもたちに手伝わせて庭に深い穴を掘らせ、外国の論文や農芸化学の文献などをすべて埋めてしまったという。自然科学者として数年間も学問から離れれば学者としては終わりだと思ったからだろうか。

新しい住居にもって行ったのは、専門とはかけ離れたシェークスピア、ビクトル・ユーゴー、イプセンなどの文学書がおもであったという。科学者としての引退を決意したのだろう。「古在由直はついに生涯に一冊の著作も残さなかった。最後まで科学者の姿勢を押し通した」と、藤原嗣治は『日本科学者伝』のなかで書いている。

古在の孫にあたる前千葉大学学長の古在豊樹氏と、これらのことを話したことがある。そのような話を父から聞いたことがあるという豊樹氏の横顔に、往年の古在由直の顔がだぶってみえた。

参考資料

古在由直（1891）「河水ノ自然澄清」（雑録）農學會會報、12号、74

古在由直（1891）「硫酸銅及硝酸銅ノ毒害」（抄録）農學會會報、13号、57-58
古在由直（1892）「足尾銅山鑛毒ノ研究」農學會會報、16号、55-96
古在由直（1892）「水ノ鉛管ニ及ホス作用」（抄録）農學會會報、17号、54
古在由直（1892）「土壌中空気ノ炭酸瓦斯」（雑録）農學會會報、17号、60
古在由直（1892）「雨水中ノ窒素」（雑録）農學會會報、17号、60
安藤圓秀（1938）『古在由直博士』古在博士伝記編纂会
農業技術研究所八十年史編さん委員会（1974）『農業技術研究所八十年史』農業技術研究所
『日本人名大事典第2巻』（1979）平凡社
常石敬一ほか（1996）『日本科学者伝』小学館
下川耿史（2003）『環境史年表1868-1926　明治・大正編』河出書房新社

外山八郎《そとやまはちろう》：1913〜1996年

日本有数の生物の宝庫——天神崎

フィリピン群島の東側から台湾の東側、南西諸島の西側、そして日本列島の南岸に沿って流れる黒潮暖流は、藍黒色で幅が100キロメートルもある。この暖流の影響を受ける天神崎近辺は、動植物の宝庫といわれる。ここはまた、和歌山県南紀白浜の対岸に位置する景勝の地でもある。

天神崎は、田辺湾の北側にある紀伊半島の西側に突きだした20ヘクタールの小さな半島だ。正方形にしたら、一辺たった450メートルにすぎない。高いところで30メートル余りの丘陵がつらなり、豊かな緑が太平洋の潮風に耐えて生いしげる。岬の先には、陸地と同じ広さの21ヘクタールに及ぶ岩礁が広がっている。干潮時には、この広い平らな岩礁が現れる。

ここには、海岸の緑のなかに生息する動植物と、海に生息する動植物が、平らな岩礁をはさんで同居する。森と磯と海が一体となって織りなすひとつの生態系がある。暖流の影響を受けるため、気候は一年を通じて温暖で、海でも陸でも南方系の生物が多種多様に存在する。学術的にきわめて貴重な場所である。

ここで観察できる動植物の種類は約250種にものぼる。キツネやタヌキも棲息し、野鳥は約50種いる。昆虫などの小動物の生息地としても最適な条件を備え、クモ類も95種にのぼるといわれる。海には珊瑚《さんご》が約60種類も生息する。北緯34度近辺の海では、世界的にたぐいまれな数といわれる。湾の

近辺では、約50種のウニ、約90種に近い海藻が採れる。海岸近くに森林が残り、湿地にはチゴザサの群落や、周辺地には食虫植物のモウセンゴケの群落もみられ、まさに生物の宝庫だ。

ナショナルトラスト運動の先駆け

昭和49（１９７４）年、この天神崎に別荘地の造成計画が起こった。天神崎の希有な自然を守ろうと保護運動がスタートした。当時、熊野の山を伐採する営林署の計画に反対する運動がおこなわれていたので、わけなく40人程度の同志が集まり、「天神崎の自然を大切にする会」が発足した。そして天神崎を守るための署名活動がはじまったのである。この運動に前後して、田辺商業高校に隣接する砂浜の埋め立てが決まった。

そこに自分たちが子どものころから慣れしたしんだ磯辺を守ろうと立ちあがった人びとがいた。なかでもこの運動に、心底情熱を燃やした人が元田辺商業高校教師の外山八郎であった。

外山らは、昭和49年10月に「熱意表明募金」を募り造成計画地を買いとろうとした。昭和51（１９７６）年３月までに３９３万円余りが集まり、10月に２３９０平方メートルを３５０万円で買いとった。昭和53（１９７８）年11月には、「天神崎保全市民協議会」を中心とした「天神崎市民地主運動」となり、さらに募金活動がおこなわれた。ときには、外山などの役員が多額の自己資金をつぎこむこともあった。

このような役員の献身的姿勢は、市民やマスコミに取りあげられ、全国の人びとの心を打ち、多くの募金が集まるようになった。平成４（１９９２）年までに３億７千万円が集まり、４万４６５２平方メートルを取得する。いまでは、天神崎は完全に保護されているが、これは日本人の自然観に関わる、ひとつの革命だった。

昭和49年のこの天神崎の別荘地開発計画に端を発して、全国的にナショナルトラスト運動が広がった。こうして日本での運動の先駆けとして、天神崎は全国的にその名を知られるようになった。

外山八郎の姿

開発されそうになった自然を守るために、ただただ金を集め土地を買う。募金集めに走りまわり、退職金をつぎこみ、家屋敷も抵当に入れ、地主の怒りを買いながら、天神崎という小さな岬を守った外山八郎は、そんなことをして82歳の生涯を終えた。

天神崎の自然を守るために命を燃焼させた外山八郎とはどんな人であったのか。その姿を追ってみたい。

外山八郎は、大正２（１９１３）年に田辺の隣の南部町に生まれ、５歳のときに東京に移った。子どもたちを東京の学校に入れるため、母が９人の兄弟をつれて引っ越した。

外山の祖父、脩造は北陸の長岡藩の豪農で、家老の河井継之助《つぐのすけ》に見込まれて藩の財政改革に携わった人だ。明治になってから日銀大阪支店長などを経て、阪神電鉄の初代社長も務めている。父は長男だが家督を継がず、南部町に隠棲したといわれている。

昭和12（１９３７）年、外山は東京大学を出て三菱海上火災保険に就職する。しかし、この年の12月に肺結核を発病、仕事をつづけることができなくなる。田辺に隣接する白浜などで数年の療養を経て、昭和15（１９４０）年に政府系の東亜研究所に入った。しかし、昭和18（１９４３）年には結核が再発した。戦局が厳しくなるなかで、またもや和歌山に帰ることになる。

外山は田辺に移り住み、10年にわたる療養を経て、病は徐々に癒えていった。昭和23（1948）年には、県立田辺高校の常勤講師に採用された。この教師への採用が、「天神崎の保護」という彼の生涯を決定する運命との出会いだった。

風変わりな教師

天神崎には、満潮になると没し干潮になると姿を現す岩礁がある。黒潮の影響で多様な生物が生息することはすでに述べたが、外山はこの地で容易に観察できる生物の知識を生物の教師から聞き、自らの経験をもとにさらに多くの知識を蓄えていった。

生物多様性や価値観の多様化など、いま広く共感をもって迎えられる観念を、外山は早くに意識化していた。天神崎を保護するための理論的な支柱を、これらの知識と経験で導きだしていく。

産経新聞の連載記事「ナショナル・トラスト運動の先駆者　外山八郎」の第3回「風変わりな教師　黙って話を聞き、温かく見つめる」（2004年5月26日）には、次のようなエピソードが紹介されている。

「いつも古い自転車をゆっくりこいで、ヘルメットをかぶっていた」「ふだんでも、背広にネクタイをしめて革靴だった」「背広は天神崎のバザーで千円で買ったと言っていた。ワイシャツも、ほつれを直して着ていた」、「どこへ行くときも奥さんの手弁当。自家製パンがすごい。野菜の塊がごろごろ入ってた」

また、外山本人が講演で語った「学校の規則に従わないとか、勉強しないとか、それで簡単に生徒が悪いと言ってしまう先生方の職業意識といいますか、そういうものに非常に反発を感じていました」「どうして生徒たちが悩むのか、その根本を探っていくのが教師の仕事ではないんだろうか。そんなことを考えておりました」という言葉も紹介されている。

このような自己を飾らない姿と生徒を思う意識とが、天神崎の保護に結びついていったのであろうか。また、彼は敬虔《けいけん》なキリスト教徒だった。このことも、彼の信念に大きな影響を与えただろう。田辺教会での日曜礼拝には必ず出席したという。

紀州の気

紀州の田辺はきわめて興味深い土地である。世界をめぐりめぐってこの地に生活した生物学者で生態学者でかつ民俗学者である南方熊楠は、環境研究の元祖ともいえる人である。彼はここで後半生を過ごした。社会主義者の荒畑寒村が、地方紙で駆け出しの記者をしたのもこの地だった。そういえば大逆事件で絞首刑になった管野スガもこの新聞社で働いていた。戦後の社会党委員長で首相になった片山哲も、この地に生まれた。全身に矢を受けて壮絶な死を遂げたという弁慶も、この地から出たという。

ここは世界文化遺産になった熊野の玄関口だ。興味深い人間を生む、土地の気がなにかあるのかもしれない。

参考資料

木原啓吉（1982）『歴史的環境』岩波書店
木原啓吉（1984）『ナショナル・トラスト』三省堂

司馬遼太郎《しばりょうたろう》：1923～1996年

環境の変貌

「街道をゆく」シリーズの連載は、昭和46年1月1日号から平成8年3月15日号までの25年間、「週刊朝日」に1147回にわたって連載された作品である。「近江」からはじまり、『街道をゆく24』はふたたび「近江散歩」であることから、司馬のこの地への思いの深さがうかがえる。この「近江散歩」を環境の面から眺めると、この地が時間と空間の豊かさを無限に感じさせてくれるからかもしれない。琵琶湖に面した近江は環境を語るのにも最適な街道であったのだろう。

以下、司馬の環境への思いを作品のなかから断章で追う。「近江の人」の稿では、近江門徒、作家の外村繁、芭蕉、菅沼曲翠を紹介しながら近江の村々の民家のたたずまいの美しさ、春と近江の人情を語る。最後に、芭蕉の句をあげる。

行春や近江の人とおしみける

この句を味わうには「近江」をほかの国名に、たとえば「長州」に変えてみればわかる。句として成りたたなくなるという。「寝物語の里」の稿では、江戸期にでた『近江国輿地志略』という本にある「寝物語」が紹介される。

　近江美濃両国の境なり。家数二十五軒、五軒は美濃、二十軒は近江の国地なり

美濃の人と近江の人が寝物語をする。このことから、その地名ができた。著者は「寝物語の里」を探して歩く。司馬と同行した須田剋太画伯は、いう。「寝物語という地名も景色も、なにものこってないかもしれませんよ」

これに対して司馬の国土産業への諷刺《ふうし》が語られる。

昭和30年代から急速に膨脹した土木人口が、政府・自治体の予算を餌にして、ときに餓え、ときに血膨《ちぶく》れし、国土のなかを猛獣のように彷徨《ほうこう》している。政治家の票にむすびついては、無用のダムや埋立地や橋梁などをつくってきたが、近江にかぎっていえば生命の源泉ともいうべき琵琶湖を狙うというところまできているらしい。猛獣は家畜として馴致しなければならない。こまるのは、どのようにして飼いならすかということについて、政党も新聞も、あるいは学者や思想家たちも馴致のための原理と方法をつかんでいないことである。土木人口や土木学が悪なのではなく、この国土と社会における棲《す》み方の思想が掴まれていないことが、悪といえるのではないか。

「金阿彌」の稿では、浜松時代の徳川家康が、自分の同朋衆のなかから金阿弥という人物を15歳の井伊直政に付けてやる話がある。その金阿弥の人物を通して司馬は風土と文化と環境を語り、日本人の知的な感覚を紹介する。

金阿弥は、そういう感覚の人であったと想像する。立場として三成時代を惜しむということでないが、三成の「古城」については、こまかく地名や構造物の所在を描き、当時の武家屋敷や足軽長屋の密集地、鍛冶屋の集落、うまやの跡から、ここには蓮の池があったとか、一本松がはえていた、ということまでこまかく書いているのである。山河を惜しむ心こそ、人間が地上に生棲する基本的な文化といえるのではないか。……

私は、金阿弥が地図マニアであったと言っているのではない。中世末期に生まれて、近世初頭に生きた金阿弥に、山河と、人間の営みについての愛情があったことに驚いているのである。

その地図には次のことが書かれており、それに対する司馬の驚きが表現されている。

コノ川口ハ至ッテ能ク魚ツキシ所也。

と、註記されている。註記は金阿弥が入れたのか、のちに絵図を写した者が入れたのか、どちらでもいいが、その後、井伊家になって城下町造成のために川道をすこし変えたために魚が来なくなった、という意味のことが註記されていることじたい、私どもは先人の感覚に敬意を表さねばならない。私どもの先祖は大した土木をやった民族ではなかった。しかし彦根山の切りくずしと城下町を造成した程度で、川口の洲における魚の生態が変ったということに留意するという、いわば知的にものをおそれる感覚をもっていたことに驚かされるのである。

「塗料をぬった伊吹山」の稿では、バーナードリーチと浜田庄司の話を通して、人が土により守られていることを浜田の言葉を使って語っている。さらに、返す刀で環境の保全を忘れた日本の文明を痛烈に批判する。また、経済成長の大波が日本の農村の景色をだめにしたと嘆く。

君の考えはまちがいだ、とまで浜田さんはリーチにいったそうである。浜田さんによれば、人が舗装されていない土の道を歩けば、踵から土の弾みが伝わってくる。人が自然を感ずるというのはそれ以外にない。道は土でなければならない、これを失えば日本は暮らし方や景色までがかわるだろう、という。さらに、「じつは、益子が舗装されようとしているのだ」と、いった。

われわれ近代人は、すでにこの感性をはるか昔に、カビの生えた古びた蔵にしまいこんでしまった。司馬にしては、日本人のいまのあり方をめずらしく怒り叱り、経済成長の大波を嘆く。

私どものいまの文明は、街も田園も食い散らしている、だからひとびとは旅行社にパックされてヨーロッパにゆく。自分の家の座敷を住み荒らしておいて、よそのきれいな座敷を見にゆくようなもので、文明規模の巨大なマンガを日本は描いている。こんなおかしなことをやっている民族が、世界にかつて存在したろうか。

むかしの日本の農村は、うつくしかった。村の家々の連なりひとつでも全景として造形的だった、と私に言ってくれたのは、執拗に農家を描きつづけておられる向井潤吉画伯であったが、私の記憶の中にある大和や近江の農村はとくにそうだったように思える。大和にせよ近江にせよ、いま急速に都市の周辺の場末の街に転落（！）しつつあるというのは、私どもの文明がかかわっている重大な病気としか思えない。政治が悪いということでは片付けられない。私どもがあたらしい文明観でもって日本に秩序美をあたえるような時間的余裕がないままに高度成長がきてしまったためでもあるだろうし、さらには土地所有についての思想と制度が未熟な経済成長の大波がやってきたためでもあろう。

われわれは、20年も前に語った司馬の言葉を忘れたのか。忘れようとしたのか。気にもとめなかったのか。病は膏肓《こうこう》に入った。

「安土城跡と琵琶湖」の稿では、湖沼と河川は人間のいのちと文化の基であることを叫び、農地の造成に呆然とし、農業の工業化を嘆く。

司馬がはじめて安土城跡の山にのぼったのは、中学生のころであった。そのとき最高所の天守台跡にまで登りつめると、目の前いっぱいに湖がひろがっていた。この山の裏が湖であるなどは、あらかじめ想像していなかったから、司馬少年はこの光景にいたく感激した。しかし、今回の登山では唖然《あぜん》とする。現実はまったく違うものであったからだ。そのときのことを、次のように表現している。

> 「山頂では、夕陽が見られるでしょう」
> 私は、つらい息の下で言った。
> が、のぼりつめて天守台趾に立つと、見わたすかぎり赤っぽい陸地になっていて、湖などどこにもなかった。
> やられた、とおもった。
> あとで文献によって知ったのだが、安土城跡の上からのながめた思わざる陸地は、１３００ヘクタールの大干拓地だそうである。海を干拓するならまだしも、人の生命を養う内陸淡水湖を干

拓し水面積を減らしてしまうなど、信じがたいふるまいのようにおもわれた。

もっとも、この干拓は終戦直後の食糧難時代だという有史以来の異常状況のなかで発想された。「緊急食糧増産計画」にもとづいて、昭和21年、国営事業としてはじめられたという。食糧についての危機意識が時代をうごかしていたころで、やむをえぬともいえる。それに、当時、土木は爆発的なエネルギーをもっていなかった。すべて人力でおこなわれたから、干拓といってもたいした面積をうずめるという魂胆ではなかった。

いわば、浅瀬に土くれをほうりこんだだけの段階だったこの埋立地に対し、国は昭和32年、「特定土地改良事業特別会計」というものを組み、大規模に機械力を投入した。すでに食糧難の時代ではなくなっていたが、農業優位の思想の最後の時代でもあり、耕地をふやすことはいいこととされていた。同時に、土木が、怪物のような機械力を手に入れて、使いたくてうずうずしはじめた最初の時代でもあった。しかし残念なことに、人間の暮らしのための環境論が、政治の場でも、一般のひとびとの間にも、まだ成立していなかった。それらを考えあわせると、昭和32年というのは、魔の時期であったといえる。この時期、

「湖沼・河川は、人間のいのちと文化の中心である」

として、だれかが反対しても、一笑に付されたのではあるまいか。

敗戦直後の絶望的な食料危機を乗り切ることは、国民全体の総意であった。そのことを理解している司馬は、農林省にも同情している。またこの省の役人に志士的といっていいほどの人びとがいたこ

とをも認めている。しかし、経済というえたいのしれないものに変化する日本の姿に呆然とする。

しかし皮肉なことに、そのころから、各地で農・山村の過疎現象がはじまり、農業人口が減りはじめた。なぜ湖を犠牲にしてまで農地を造成しなければならなかったか、〝後世〟であるこんにち、日本の変化のはげしさにぼう然とする思いがある。

安土城を降りた司馬は、干拓地の圃場を一巡する。ここで、農業の工業化を嘆く。そして、われわれが主張する環境科学の概念をいみじくも言い得る。さらに、われわれが科学で証明した「農業のもつ多面的機能」をも具体的に表現している。

かっての田畑は、あらゆる意味で生きものであった。高所から灌水や施肥をして行って、やがてそれらが草におおわれた土の灌漑路を経《へ》めぐってゆくうちに、水は自浄される。それらが湖に流れこんでも、湖をよごすことはなかった。この土木が造成しすぎた圃場の場合、事情はちがう。そこから流れ出る水は、化学肥料をなまにふくんだまま、近代的な排水路により、いわば樋《とゆ》をつたうように湖に入ってしまう。農業が、自然環境にとっていわば絶対善に近いものだったのが、いま工場と同様、科学的なものをそのまま湖に流しつづけるというシステムになってしまっている。大中の湖は、埋めたてられただけでなく、琵琶湖をよごすもとになっているのである。

最後の稿の「浜の真砂」では、武村正義知事（当時）の文章を引用し、琵琶湖の将来に希望をつなぐ。

私たちの滋賀県は、びわ湖の悲鳴に真剣に耳を傾けようとしている。びわ湖の水を、もうこれ以上汚さない、できれば少しでももとの碧い湖をとりもどすためにと、行動を起こそうとしている。それは試行錯誤のつづく道であることも知っている。（『水と人間』）

文部科学省・環境省告示

ちょうどこの稿を書きはじめたときに、「環境保全の意欲の増進及び環境教育の推進に関する基本的な方針」が閣議決定された。この基本方針の「はじめに」に書かれた文章の内容は、序章の司馬遼太郎の教科書にある「むかしも今も、また未来においても変わらないことがある。……自然こそ普遍の価値なのである。……」そのものである。

この基本方針は、21世紀に生きる人びとへのメッセージである。司馬遼太郎をはじめとする多くの人びとの環境への深い思いが濃縮されている。真砂の尽きる世にならないように環境を保全し、子孫に美しい自然を継承しなければならない。

参考資料
司馬遼太郎（１９８４）『街道を行く24』朝日新聞社
産経新聞社編（２０００）『生きるとき大切なこと』東洋経済新報社

官報「環境の保全のための意欲の増進及び環境教育の推進に関する法律」号外第２１７号（２００４年９月30日）文部科学省・環境省

岸本《きしもと》良一《りょういち》：１９２９年〜現在

カメムシの供養塔

かつて、日本人の心はやさしさに満ちていた。農民にとって命に等しい稲を食い荒らした、憎んでも余りある害虫を駆除しながらも、これを供養する人びとの心。この思いは虫塚に現れている。

古くは、天保７（１８３６）年に建立された敦賀市色ヶ浜の本隆寺開山堂の横にある善徳虫塚。その昔、小浜の国富庄で善徳と呼ばれる虫がわいた。秋稲を食い枯らす害虫である。善徳という呼び名のクロカメムシがこの一帯に発生したのである。大量に捕獲殺生した虫の霊を供養するため、この碑が建てられたのだろう。

天保10（１８３９）年、害虫防除の方法を記した虫塚の碑が、梯川《かけはし》を望む小松市の竹林台に建てられた。この塚には、藩政時代に大量に発生したウンカが供養されている。ウンカの発生があるたびに、農民はこの防除法に学びながら稲の敵を駆除していたのだろう。

ちなみに、わが国の「稲作文化」について渡部忠世氏は、『稲のアジア史１』のなかでおおむね次のようなことを述べている。

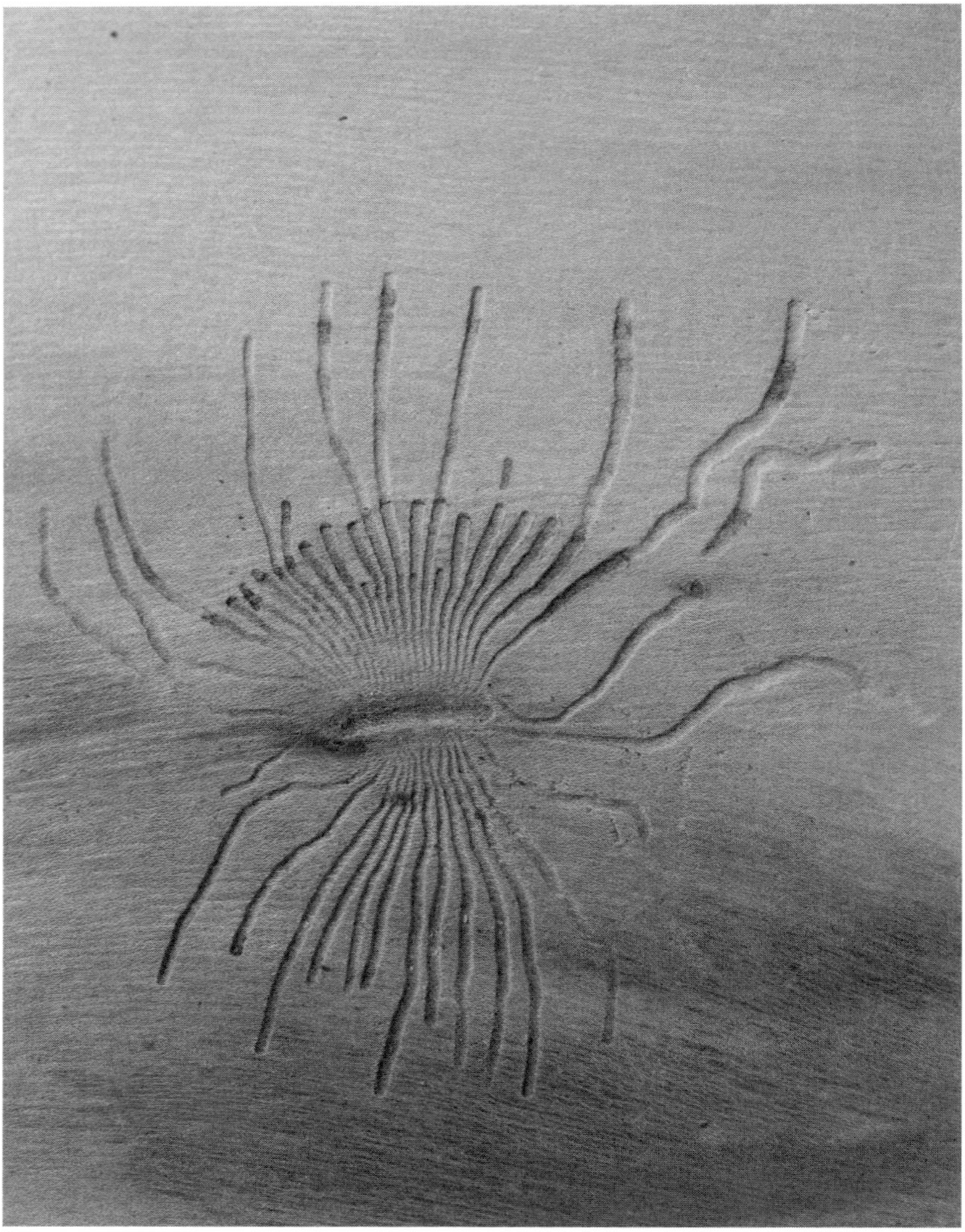

ごく常識的で包括的な理解の範囲でいえば、この文化とは、稲の栽培にかかわる農法あるいは技術、米の食文化、そして豊饒《ほうじょう》の祭りや信仰などに象徴される民俗と儀礼あるいは宗教、さらには、社会組織から国家の体制にまで及ぶ日常の営為とその周辺のおおかたの総体にかかわるひとつの文化の体系にほかならない。

ウンカの被害

体長わずか４ミリメートルから６ミリメートルのこの虫によって、私たち日本人はどれほど辛酸をなめさせられたことだろうか。江戸時代に筑紫《つくし》の国で発生した蝗《ウンカ》の被害は、わかっているだけでも、寛永４（１６２７）年から慶応４（１８６８）年まで33回もあった。有名な享保《きょうほう》の大飢饉（１７３２年）では、西日本を中心に数十万の人が餓死したといわれる。これらもウンカの大発生が原因であった。九州には、いまでも各地に餓人《うえにん》地蔵や供養塔が建っている。このことは、いかにウンカの被害が大きかったかを私たちに教えてくれる。

もちろんウンカの被害は昭和になってからも、４年、15年、19年、23年、41年、42年と、数年に１回は大量発生し、農家を悩ませてきた。これは虫の発生生態がごく最近まで、謎に包まれていたためである。

イネに決定的な被害を与えることで知られているのは、ウンカのなかでもトビイロウンカとセジロウンカだ。古来その生態には謎の部分が多く、年によって忽然と異常発生することが知られていた。わが国のイネ害虫防除に関わる専門分野では、これらウンカの発生生態の解明に努力が注がれた。しかし、その詳細は長年にわたってわからず、昭和30年代においても冬季の越冬状態の解明に多くの努力が注がれていた。

6月から7月になると、水田にセジロウンカとトビイロウンカが突然出現する。このウンカは、それから秋まで増殖を繰りかえしながら、稲を食べつづける。しかし、冬の到来とともに突然いなくなる。ウンカは一体寒い冬を春までどこでどのように過ごすのか。

それまで専門家のあいだでは、ふたつの説が激しく議論されていた。ひとつは、国内のどこかで越冬し、春になって各地に飛散するという越冬説だ。もうひとつは、毎年海外から海を渡り飛来するという飛来説で、大勢は越冬説を信じていた。

ウンカの飛来

そんなときに届いたのが、気象庁定点観測船「おじか」の衝撃的なニュースだった。このときの話は、西尾敏彦著の『農業技術を創った人たち2』に詳しく紹介されている。この本のもとになった農業共済新聞に書かれた西尾氏の文章は概ね次のようなものである。昭和42年7月17日、潮岬南方500キロメートルの洋上にあった気象庁定点観測船「おじか」は、突如飛来した虫の大群に取り囲まれた。何万匹という小虫が船の周りを乱舞し、粉雪が舞うようにみえたという。後日、虫の正体は稲の大敵セジロウンカとトビイロウンカであることが判明した。この出来事が、わが国のウンカの研究の流れを一変させることになった。この研究の推進役になったのが、当時九州農業試験場にいた岸本良一であった。

そのときの躍動は、『農業技術を創った人たち２』にみごとに表現されているので、以下に引用する。

　そこに届いたのが、「おじか」の衝撃的なニュースである。かねて飛来説に関心をもっていた岸本を勇気づけたのはいうまでもない。さっそく仲間と本格調査に着手する。まず観測船に乗り込み、定期的な洋上観測を試みる。地上でも、予察灯や水盤・捕虫ネットを使い、各地での飛来虫数を連日観測した。この結果、東支那海の飛来と九州における飛来に同時性があることが明らかになった。

　ウンカには長翅《し》型と短翅型がある。普通、最初に飛来した長翅型ウンカが田に住み着き、そこで３世代を過ごす。１世代で10個以上産卵するから、３世代で１０００～１５００倍も増殖する。この間は短翅型が多く、株間でもほとんど移動しない。被害が坪枯れ状を呈するのはそのためだ。他にもウンカが稲以外に寄生しないこと、10～24時間は連続飛翔《ひしょう》が可能なことなども明らかにされた。

　昭和46年、岸本は両ウンカの海外飛来に関する新説を国際誌に発表する。梅雨どきの低気圧にのって、中国大陸から飛来するというのである。彼の説は中国・東南アジアの研究者にも関心を呼び、以後国際的な規模で研究が進められるようになった。

　昭和62年、九州農試の清野《せいの》豁《ひろし》らによって、飛来経路が明確にされた。梅雨前線の南側を華南から西日本に吹き抜ける強風〈下層ジェット気流〉が両ウンカの通路だったのである。今日では、この気流解析によって飛来を予察し、防除対策をたてることもできるようになった。大昔から農家を悩ましてきたセジロ・トビイロの大被害は、もはや過去のものになったといってよいだろう。

最新の研究では、初発地は東南アジアで、ここで常時繁殖している両ウンカが中国南部へ移動、さらに海を越えて日本に至ると考えられている。ウンカからみても、世界はせまくなっているようだ。

ウンカ類の海外長距離飛来の実証と防除技術の確立

岸本はこの業績で、昭和46（1971）年に日本応用動物昆虫学会賞、昭和51（1976）年に科学技術庁研究功績者表彰、昭和58（1983）年に日本農学賞・読売新聞社賞を受賞している。また、平成16（2004）年には日本農業研究所賞を受賞した。研究業績の内容は、「日本農業研究所賞表彰式案内」によれば次の通りである。

本賞の受賞者である岸本良一氏は、昭和40年代の初めから九州試験場（筑後市）において、ウンカ捕獲のためのさまざまな技術を駆使し、ウンカの飛来が梅雨期の前線に沿って東北に進む低気圧（湿舌）の進行状況に関係することを明らかにした。さらに、彼は昭和44年からほぼ10年間にわたる東シナ海での水産庁調査船ならびに気象庁観測船での継続的な調査をおこない、海洋上でのウンカ類の捕獲状況とそのときの気候条件との関係の解析から、これらウンカ類が海外から長距離を飛来してわが国にいたる確かな証拠を示し、長年にわたるそれまでの国内越冬説と海外飛来説の論争に明快な決着をつけた。

受賞者は、こうした成果をさらに発展させ、長距離を飛来したトビイロウンカの水田におけるその後の増殖過程をくわしく追跡し、飛来個体群（長翅型成虫）に引きつづく、増殖個体群（短翅メス成虫）の爆発的な密度増加によって引きおこされるイネ株の集中的な枯死（坪枯れ）の発生量を正確に予測する技術を確立した。すなわち、わが国における本害虫の防除には、飛来時期と飛来程度の把握、飛来世代の次世代である短翅型メス成虫の発生量の予測、そして、このメス密度が一定の閾値を超えたときに防除作業を実行するという、きわめて具体的でわかりやすい技術を確立し、わが国の稲作農業におけるウンカ類防除にきわめて大きな貢献をした。

現在トビイロウンカは熱帯アジアから東南アジア、そして日本を含む東アジアの稲作地帯での重要な害虫として注目されているが、この害虫の南から北に向かっての壮大な移動と分布の拡散に関する受賞者の考え方は、いまや世界的に確固たる地位を占めている。

ウンカの飛来予測

独立行政法人農業・生物系特定産業技術研究機構と日本原子力研究所は、日本原子力研究所が開発した放射性物質の大気中の拡散予測技術を応用して、平成13年度からウンカ類のアジア地域長距離移動の高精度予測に関する研究を進めてきた。その結果、ウンカの飛来を高精度に予測するシミュレーションシステムを完成した。

ウンカは風に乗って飛来するため、数日先までの風や温度などの情報が含まれている気象予報データを利用することにより、アジアのどの地域から日本のどの地域にウンカが飛来するかを２日先まで予測することができる。こうして、いまではこれらの情報を得ることで、より適切なウンカの防除対策が可能となった。

このシステムがどれほど活用価値があるかを調査した結果、平成15（２００３）年の梅雨期における予測精度は74パーセントであった。これは同期の降雨予報の的中率とほぼ同じ精度であった。このことから、２００４年から実用システムとして予測を開始している。

予測システムのホームページでは、イネの茎上のセジロウンカ（メス）の写真、ウンカ飛来予測システムの概念図、ウンカの飛来予測図などが掲載されている。

岸本良一の思いは、このような形で実りつつある。さらに、これらのことは科学がまさに継承の学問であることを教えてくれる。

参考資料

西尾敏彦（２００３）『農業技術を創った人たち２』家の光協会
農業共済新聞「日本の『農』を拓いた先人達」（１９９９年9月8日）
農業共済新聞「ウンカ海を渡る～海外からの飛来を実証した岸本良一」（１９９９年9月8日）
第21回（平成15年度）日本農業研究所賞表彰式案内 農業・生物系特定産業技術研究機構ホームページ
http://agri.narc.affrc.go.jp/indexj.html

第3章　いま、この国の環境は？

1. 永久凍土とコケの減少：富士山・北海道
2. マイワシ不漁：三陸沖
3. コメの品質低下と減少：九州
4. 海面上昇：西日本
5. サンゴ被害：沖縄
6. シカ冬越：栃木・群馬・北海道
7. 高山植物消失：ブナ林・ヒダカソウ；秋田など
8. リンゴ減収・色づき：青森・長野
9. 水田メタンの増大：各地
10. クマゼミ北上：東京
11. 熱帯夜、年50日以上：東京
12. 巨大エチゼンクラゲ：日本海沿岸・三陸沖
13. ミズバショウ肥大：尾瀬
14. 湿原消失：釧路
15. 湖透明度低下：摩周湖
16. ヤンバルクイナ絶滅危機：沖縄
17. 砂丘喪失・海岸侵食：静岡・千葉
18. アオコ大発生：茨城県

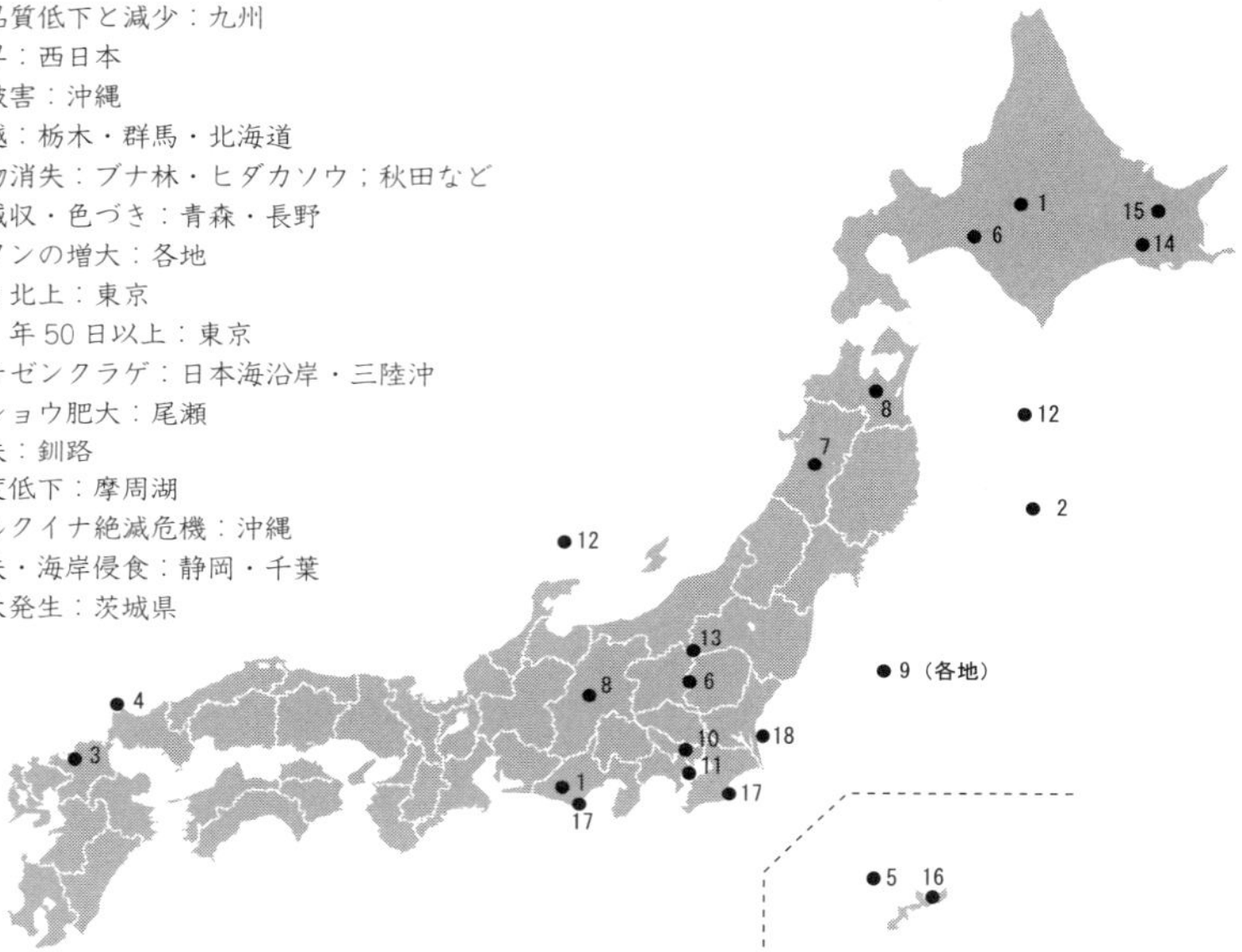

この国の環境変動のいま（その1）

多くの先達によって守られてきたこの国の大地と天空と海原は、いま大きく変動しつつある。その原因はさまざまあるが、多くは地球環境の変動、とくに温暖化に由来している。温暖化は、この国の食料、自然、健康、水、防災にも影響を及ぼしはじめた。

農業・食料に関わる現象では、コメや果樹の品質低下、リンゴの栽培適地の北上、サクランボ栽培の南下、サケ・スケトウダラの生息域の減少の可能性、マイワシの不漁、カジメの消失、エイによるアサリの乱食、エチゼンクラゲの北上、リュウキュウアユの半減などが認められる。

環境にも数多くの現象が現れている。たとえば、積雪減少によるエゾ

19. 都市植物暖冬異変：東京
20. ライチョウ減少：南アルプス
21. サンゴの白化・死滅：沖縄
22. 黄砂と光化学スモッグ：各地
23. アルゼンチンアリの拡大：山口・岡山など
24. マガン越冬地の北上：北海道南部
25. ナガサキアゲハの北上：埼玉など
26. サケ漁場の北上：青森・岩手
27. 温州ミカン栽培適地の変動：新潟・南東北
28. タラ・カニ不漁、マグロ・イカ増獲：各地
29. ウシの夏バテ乳量減少：四国・九州
30. ホタルの初見日早まる：鳥取
31. カジメの森消失：土佐湾
32. ツマグロヒョウモンの北上：東京
33. エイによるアサリの乱食：山口
34. サクランボ栽培の異変：山形
35. 庭園のコケ枯渇：京都
36. サクラ前線の南下：青森～鹿児島

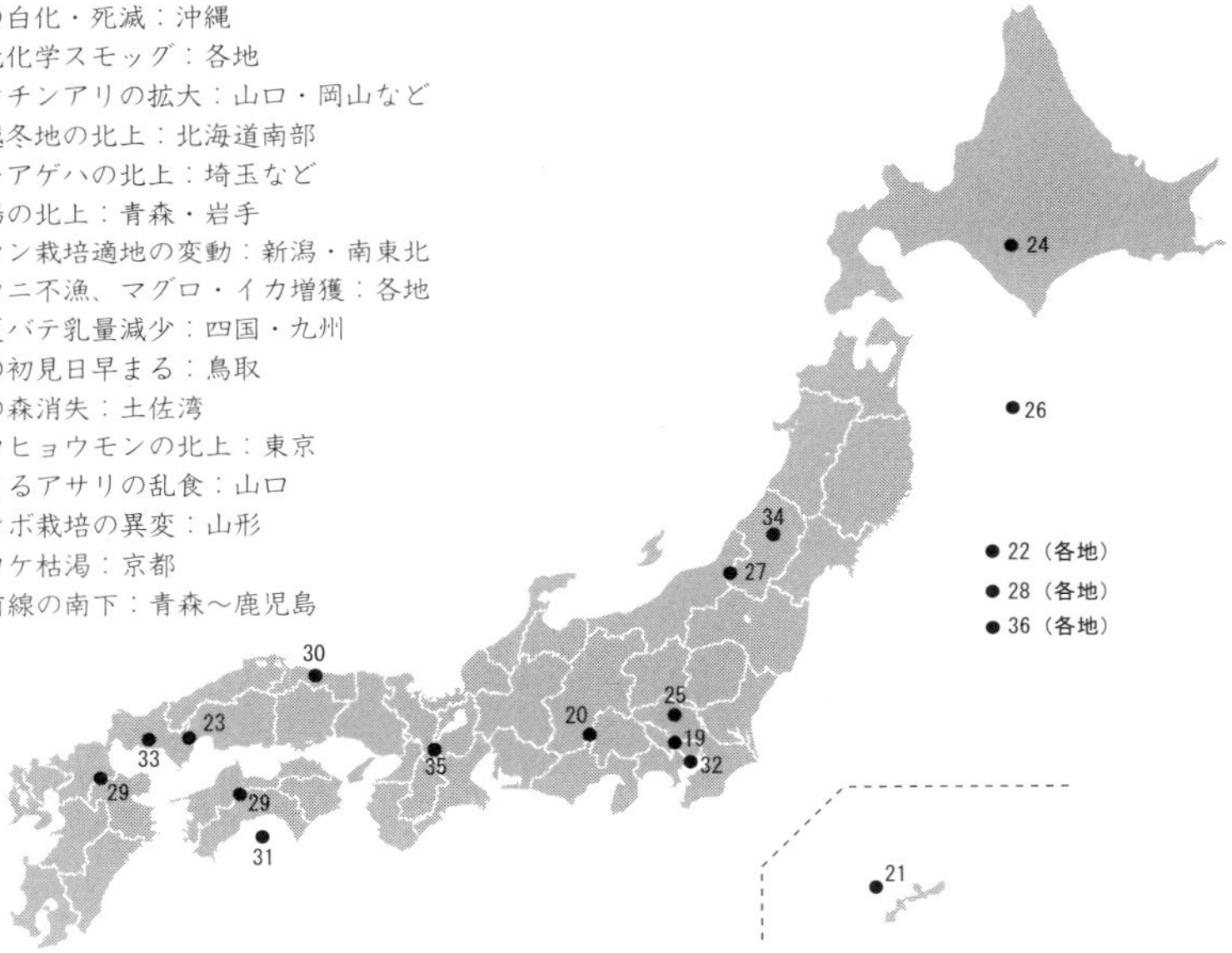

この国の環境変動のいま（その2）

ジカの生態分布拡大、高山植物の減少、ブナ林の減退、ナガサキアゲハの北上、諏訪湖の御神渡りの激減、琵琶湖のアオコ発生、厳島神社回廊の冠水増加、沖縄サンゴの白化・減少、サクラ開花前線の南下、沖ノ鳥島水没の可能性、永久凍土の後退、西日本の海面上昇、クマゼミの北上、熱帯夜・猛暑日の増加、ミズバショウの巨大化、湿原の消失、摩周湖の透明度の減少、砂丘の消失、都市植物の越冬、ホタル初見の早まり、ツマグロヒョウモンの北上、京都の庭園コケの枯渇、アルゼンチンアリの拡大などがある。

　人の健康へは、デング熱媒介ヒトシジシマカの北上、ネッタイシマカの日本侵入の可能性、熱中症の増加

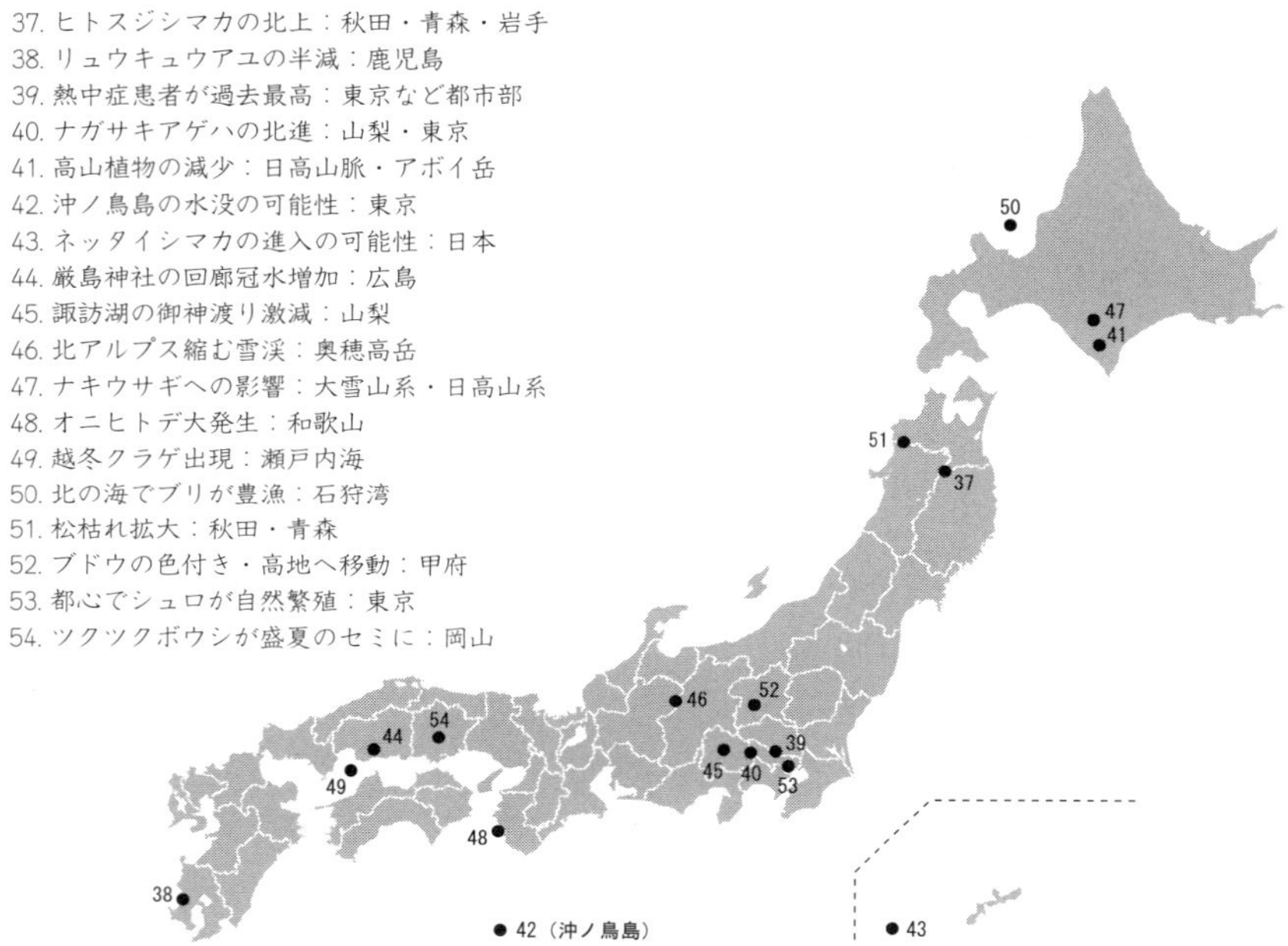

この国の環境変動のいま（その3）

などが認められている。その変動ぶりを日本地図とともに紹介したのがこの国の環境変動のいま（その1）から（その4）である。

最近、環境省地球環境研究総合推進費：戦略的研究開発プロジェクト「S－4温暖化の危険な水準及び温室効果ガス安定化レベル検討のための温暖化影響の総合的評価に関する研究」がおこなわれた。その成果報告書が環境省のホームページに掲載されている。

これによると、温暖化の影響が「全般」と「分野別」に分けて解説されているので、まず、全般的な成果からみていきたい。

1．影響量と増加速度は地域ごと

55. 東北でサワラ採漁：岩手
56. ナシの眠り病：九州
57. アフリカマイマイの出現：鹿児島
58. 雪の減少で北進するイノシシ被害：富山・新潟
59. サンマの小型化：東北・北海道近海
60. 松枯れ拡大北上：宮城・秋田
61. スケトウダラ激減：北海道桧山海域
62. 土壌凍結なくジャガイモ被害：十勝平野
63. 北上する亜熱帯性サンゴ：対馬暖流
64. キノボリトカゲの本土北上：宮崎県日南市
65. 猛暑と温暖化で宍道湖のワカサギ激減：島根
66. 日本海側に増えるアザラシ：北海道稚内
67. 東北大学植物園にヤツデなど新入：仙台
68. ヤマアカガエルの産卵早まる：東京多摩地区
69. 毒をもつハギの漁獲：瀬戸内海の山口や広島
70. ミカンキジラミ本土へ上陸：鹿児島指宿市

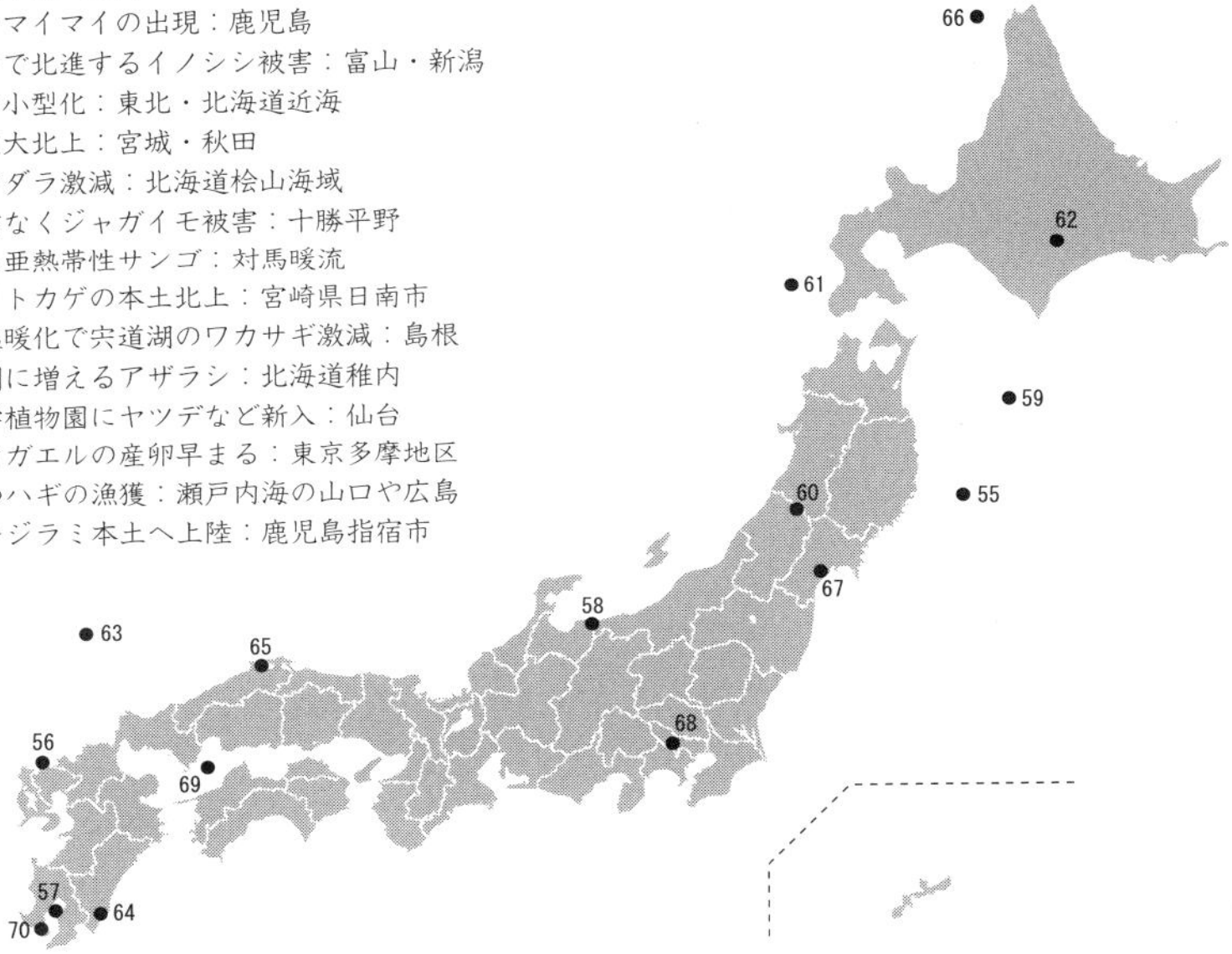

この国の環境変動のいま（その４）

に異なり、分野ごとにとくに脆弱な地域がある。

水資源、森林、農業、沿岸域、健康の５分野への温暖化影響の地域分布を示す多数のリスクマップを提示した。これらの分野において、洪水や土砂災害の増加、森林の北方への移動と衰退、米作への影響、高潮災害の拡大や沿岸部での液状化リスクの増大、熱中症患者の増加、感染症の潜在的リスクの増大といった多岐にわたる影響が現れる。さらに、これらには地域差がある一方、わが国全体としてみると厳しい影響となるものがある。

２．分野ごとの影響の程度と増加速度は異なるが、わが国にも比較的低い気温上昇で大きな影響が現れる。

気温上昇とそのときの影響の程度との関係を示す「温暖化影響関数」を構築し、それを用いて、温暖化が進行する2100年までの気候シナリオに沿って、わが国に対する影響がどのように拡大するかを総合的に検討し、比較的低い気温上昇でも厳しい影響が現れることを提示した。

3．近年、温暖化の影響がさまざまな分野に現れていることを考えると、早急に適正な適応策の計画が必要である。

これらの悪影響を抑制するために必要となる適応策の考え方や各分野における対策の方向を整理した。

分野別の知見として、

1．水資源への影響：豪雨の頻度と強度が増加して、洪水の被害が拡大し、土砂災害、ダム堆砂が深刻化する。無降雨期間の濁質流出量増加によって水道の浄水費用が増加する。一方、積雪水資源の減少は、北陸から東北の日本海側で代掻き期の農業用水の不足を招き、降水量の変化によって九州南部と沖縄などでの渇水リスクが高まる。

2．森林への影響：温暖化に伴う気温上昇・降雨量変化によってわが国の森林は大きな打撃を受ける。ブナ林・チシマザサ・ハイマツ・シラベ（シラビソ）などの分布適域は激減し、今世紀の中頃以降、白神山地もブナの適地ではなくなる。また、マツ枯れの被害リスクが拡大し、1～2℃の気温上昇により、現在はまだ被害が及んでいない本州北端まで危険域が拡大する。

3．農業への影響：わが国のコメ収量は、北日本では増収、近畿以西の南西日本では現在とほぼ同じかやや減少する。さらに、コメの品質低下、他の穀物や果樹などの生産適地の北上や減収によって農業に大きな影響が及ぶ。気候変動、人口の増加による需要増、投機による価格高騰、バイオ燃料への転用などが重なれば、日本への食料供給に対しても影響が生じる可能性がある。

4．沿岸域への影響：海面上昇と高潮の増大で、現在の護岸を考慮しても、浸水面積・人口の被害が増加する。とくに、瀬戸内海などの閉鎖性海域や三大湾奥部では、古くに開発された埋立地とその周辺は浸水の危険性が高い。また、海面上昇は汽水域拡大による河川堤防の強度低下、沿岸部の液状化危険度リスクを増大させる。

5．健康への影響：温暖化によって健康への脅威が増す。気温とくに日最高気温の上昇に伴い、熱ストレスによる死亡リスクや、熱中症患者発生数が急激に増加し、とりわけ高齢者へのリスクが大きくなる。気象変化による大気汚染（光化学オキシダント）の発生が増加する。感染症（デング熱・マラリア・日本脳炎）の媒介蚊の分布可能域も拡大する。

このうちのいくつかの現象を、さまざまな資料から追ってみよう。

参考資料

環境省　平成20年5月29日報道発表資料（別添資料1、別添資料2）
http://www.env.go.jp/press/press.php?serial=9770

温暖化による永久凍土の後退—真白き富士の嶺は？—

富士山といえば、わが日本人の心の古里。古来から多くの歌人、画家、小説家によって、その雄大さ、美しさ、遼遠さが賞賛されつづけてきた。大雪山といえば、天然記念物のナキウサギで生態学者の好奇心をかき立ててきた。その富士山と大雪山の自然が地球の温暖化に伴って変わりつつある。

山岳永久凍土の報告の歴史は古い。富士山および大雪山については、それぞれ１９７２年および１９７４年の報告がある。

永久凍土とは、高緯度地域や高山帯で、年間を通じて0℃以下の地温状態を少なくとも2年以上にわたって保っている土壌や岩盤のことをいう。しかし、国際的には温度の基準のみで定義される。したがって、永久凍土中の水分状態についてはいまだ未解明の部分が多い。

永久凍土はカナダ、アメリカのアラスカ州およびシベリアなどに広く分布する。日本では、１９７０年に富士山（標高３７７６メートル）で発見された。ほかでは、北海道の大雪山系白雲岳の周辺と富山県の立山に分布している。

国立極地研究所、静岡大および筑波大の研究グループにより、初めて地中温度の連続観測が開始され、その結果が平成14（２００２）年10月の日本雪氷学会で発表された。１９７６年の富士山南斜面（静岡県側）の地温調査では、永久凍土の下限は標高３２００メートル付近と推定されていた。しかし２０００年の調査では、３５００メートル付近になり、凍土分布が約３００メートル縮小していた。20年間で標高約２００メートルの凍土が消失している。

静岡大学理学部の増沢武弘教授らは、２００６年から山頂の植物や地温の変化を5年から10年ごとに継続調査する計画でいる。増沢教授によると、地下約50センチメートルで永久凍土が存在する下限は、１９７６年に３２００メートル付近だった。１９９８年には３３００メートル付近にまで上昇し、２００８年から２０１０年の調査でははじめて下限が確認できなかった。

気象庁によると、富士山頂の年平均気温は、１９７６年が氷点下７・２℃で、２００９年が氷点下５・９℃に上昇している。また、標高２５００メートル付近が生育上限とされていたイネ科のイワノガリヤスが山頂付近で自生しているのが確認されたという。

富士山頂の年平均気温は、１９７６年から２００１年までの25年間に０・８℃上昇している。８月の平均気温にあまり変化は認められないが、１月には約３℃、２月には１℃も上昇している。永久凍土の分布域は、冬季の凍結と夏季の融解のバランスで決まるといわれ、この分布域の縮小には、冬の気温の上昇が関係しているとみられる。永久凍土は気温の変化を非常に受けやすいと推定され、凍土が融解すると温室効果ガスのひとつであるメタンガスが放出され、温暖化がさらに加速することになる。

なお、大雪山の永久凍土については、北海道大学大学院工学研究科北方圏環境政策工学専攻・寒冷地防災環境工学講座の岩花剛氏らが研究を進めている。気温、放射、湿度、風、地温、土壌水分などが測定されている。

参考までに、世界の山岳の様子を紹介する。世界中の山岳氷河は、１９８０年代に10年間で約２メートル薄くなったが、１９９０年代にはその２倍の４メートルに達した。地球の平均気温は過去１００

年間で0・6℃上がり、1990年代は、過去千年間でもっとも暑い10年になった。

ヒマラヤ氷河の観測をつづける名古屋大学環境学研究科の上田豊教授によれば、この20年間で小型の氷河が目にみえて小さくなっている。小型氷河110の内、約9割が山頂に向かい後退していた。

さて、富士山における永久凍土の後退は、われわれの環境と心にどのような変容をもたらすであろうか。温暖化は、こと自然環境のみならず、われわれの育んできた文化をも変容させるのではないか。

参考資料

藤井理行・福井幸太郎・池田敦・増沢武弘（2002）「富士山の地温分布変化が示す過去25年間の永久凍土の縮小」日本雪氷学会全国大会講演予稿集

日本経済新聞「富士の凍土とコケに危機」（2005年4月3日）

読売新聞「富士山南側の永久凍土が消滅」（2010年10月16日）

続出する猛暑日

「暑い」と和語で書けば、「きわめて」とか「とても」とか「たいへん」とか前に副詞をつけることでしか、その暑さを表現できない。しかし漢語にすれば、その暑さが分析的に表現できるから、暑さを具体的に比較できるような気がする。酷暑、熱暑、炎暑、猛暑、極暑、劇暑、激暑、蒸暑、倦暑、大暑、烈暑など。

気象庁も暑さをさらに分析的な表現にすべく、平成19（2007）年の4月から「猛暑日」なる言葉を新しく使いはじめた。2006年までは、最高気温が25度以上の「夏日」と、最高気温が30度以上の「真夏日」という分け方しかなかった。新しい「猛暑日」とは、最高気温が35度以上の日のことである。ちなみに、寒さを表現する「冬日」は、最低気温が0度未満になった日、「真冬日」は最高気温が0度未満の日のことである。

「猛暑日」が設定されたのは、地球温暖化やヒートアイランド現象などによって、夏の都市部で最高気温が35度以上になる日が多くなったためである。実際にいくつかの都市の2006年の気温をみてみると、「猛暑日」日数は、東京都心3日、名古屋市14日、大阪市17日、福岡市6日となっている。

2007年初の「猛暑日」が出現したのは大分県豊後大野市で、5月27日午後1時10分に気温が36・1度となった。その後、8月に入り各地で猛暑日が立てつづけに出現した。

「猛暑日」がつづく2007年の日本列島は、8月15日も太平洋高気圧に覆われ、各地で厳しい暑さになった。群馬県館林市では最高気温が40・2度に達し、全国では同年初めての40度以上の日を記録した。最近、国内で40度以上に達したのは、平成16（２００４）年７月21日に甲府で40・４度を観測して以来だから３年目のことである。この日、北日本を中心に43地点で観測史上最高温度を記録した。

２００６年の８月の猛暑日数の合計は、仙台市で１日、熊谷市で19日、東京都心で７日、柏崎市で１日、多治見市で20日、大阪市で14日、京都市で15日、高松市で９日、福岡市で６日、沖縄市で０日であった。

２００６年までの全国の歴代最高気温は、１位山形、40・８度、１９３３年７月25日、２位かつらぎ、40・６度、１９９４年８月８日、２位天龍、40・６度、１９９４年８月４日である。

２００７年８月16日、日本列島は勢力を強めた太平洋高気圧に覆われ、さらに暑さが増した。酷暑である。岐阜県の多治見で午後２時20分、埼玉県の熊谷で２時42分にそれぞれ40・９度を観測し、74年ぶりにわが国の最高気温の記録が塗り替えられた。これまでの記録は、上述したとおり山形の40・８度であった。

この日、埼玉県の越谷で40・４度、群馬県の館林で40・３度、岐阜県の美濃40・０度と、いずれも40度を突破し、関東や東海を中心に25地点で観測史上１位の暑さになった。東京都の練馬と八王子はともに38・７度で８月として最高気温の記録を更新した。

日本列島は２００８年８月17日も太平洋高気圧に覆われ、東海および中部地方は酷暑に見舞われた。岐阜県の多治見では、16日に記録した国内史上最高気温の40・９度に迫る40・８度を記録した。15日には群馬県の館林で40・２度が記録されているので、国内で初めて40度を超えた日が３日連続したことになる。

東京都心は37・5度で2006年一番の暑さになり、最高気温が35度以上の「猛暑日」が3日連続したことになる。最低気温25度以上の熱帯夜が2日から16日間つづいた東京では、17日未明の気温は30・5度で、全国で一番暑い夜であった。また、8月に入ってからの都心の平均気温（16日時点）は29・9度で、全国最高の沖縄県の石垣島の平均28・9度を上まわった。

2010年は、154か所の観測地のうち21か所で猛暑日が出現した。東京13日、名古屋41日、大阪29日、福岡24日、熊谷38日、京都34日、岐阜31日、奈良28日であった。2006年に比較すると、東京で4倍、名古屋で3倍も増加している。

気象庁によれば、南米ペルー沖で海面水温が低下する「ラニーニャ現象」の影響で太平洋高気圧の勢力が強まったことに加え、乾いた暖かい風が山を越えて吹き下ろす「フェーン現象」が起きたのが原因という。

暑さの猛威は日本だけに限らない。記録破りの異常な高温が、世界の各地で計測されている。国連世界気象機関（WMO）によれば、昨年の1月と4月の世界の平均気温は、記録が残る1880年以降でもっとも高かった。

2006年の5月中旬には、45~50度の熱波がインドを襲った。6月と7月には欧州東南部が熱波に見舞われ、ブルガリアで史上最高の45度を記録した。

気象災害もいろいろな国で多発している。2007年6月中旬には中国南部で豪雨がつづき、1350万人が被害を受けた。6月末にはアフリカのスーダンで季節はずれの大雨が降り、ナイル川が氾濫。1万6千戸が被災した。6月6日、アラビア海で発生したサイクロンは、かつてない勢力でオマーン東部を襲い、50人以上の死者を出した。

一方、南半球は寒い冬となりチリやアルゼンチンで氷点下20度前後を記録、南アフリカでは26年ぶりに本格的な降雪をもたらした。アメリカ海洋局の調査によれば、北半球の冬にあたる2005年12月から2007年の2月までの地球全体の平均気温は、1880年からの観測史上もっとも高いことが明らかになった。

2005年の12月から2006年の2月の世界の平均気温は、20世紀の平均気温より0・72度高く、史上最高だった2003～2004年の平均気温を0・07度上まわった。2月は史上6番目だが、1月が記録的な暖冬であったため平均気温が押しあげられた。地表の平均気温は観測史上1位であった。

海面全体の平均気温は、1997～1998年につづいて2位であった。北半球の高緯度地域ほど温度上昇が著しいという。温暖化によって、北極やグリーンランドの海氷が溶解したことが裏付けられた。

いまや世界中で毎年のように洪水や旱ばつ、酷暑やハリケーンなどの激しい異常気象が増加している。

地球生命圏ガイアがあたかも発熱しているかのように、天空から、大地から、海原から地球の悲鳴が聞こえる。

国立環境研究所は２００７年7月2日、地球温暖化の影響で２０３０年の日本では、最低気温27度以上の「暑い夜」が現在の3倍に増えるとの予測を発表した。地球温暖化の影響は、遠い将来のことではなく20～30年という短い期間でも目にみえて現れることを指摘した。

世界有数のスーパーコンピュータ「地球シミュレータ」を使って試算した結果、日本では１９８１～２０００年にひと夏に4～5回だった「暑い夜」（東京：最低気温27度以上）が、２０１１～２０３０年は約3倍に増える。10通りのシナリオのいずれも増加する結果を得た。自然の変動より温暖化の影響の方が大きい。夏の「暑い昼」（最高気温35度以上）の頻度も約1・5倍になる。一方、冬の寒い夜（最低気温0度以下）・昼（最高気温6度以下）は3分の1程度に減った。世界のほとんどの地域で、同様の傾向がみられた。

地球温暖化については、２１００年ごろまでを念頭に各国で将来予測がおこなわれてきた。しかし２００５年に米国を襲ったハリケーン「カトリーナ」など温暖化の影響と考えられる異常気象が頻発しており、今後20～30年の近未来での温暖化の影響に関心が集まっている。

英国の民間団体オックスファム、洪水や暴風など地球温暖化に関連しているとされる気象災害の数が過去約25年のあいだに4倍から6倍に増加、被害を受ける人の数も死者数も急増しているとの調査結果をまとめている。猛暑日の増加は、わが国の弱体者の死亡率を増加させることになるかもしれない。

参考資料
産経新聞取材班（２０１１）『生きもの異変　温暖化の足音』扶桑社
国立環境研究所（２００７）「近未来の地球温暖化をコンピュータシミュレーションにより予測」
http://www.nies.go.jp/whatsnew/2007/20070702/20070702.html
厚生労働省：熱中症による死亡災害発生状況（平成17年分）について
http://www.mhlw.go.jp/bunya/roudoukijun/anzeneisei08/01.html

巨大クラゲの大発生―津軽海峡を越えて―

日本の神社は森または山を背景にして川の近くに位置する場合が多く、たとえば伊勢神宮は伊勢湾に注ぐ五十鈴川の上流であって大きな森に囲まれた地にあり、さらに神宮田を有するという特徴がある。このような歴史ある神社の立地を考えるとき、かつての日本列島は、森から栄養分を含んだ清浄な水が河川と水田に豊かな恵みをもたらし、その水は沿岸に流れこみ、豊富な漁場を育んできたことに思いいいたる。山は海の恋人といわれる所以である。その豊かな沿岸が、巨大クラゲにおびえている。

漁業情報サービスセンターのホームページによれば、平成20（２００８）年8月中旬までのところは確認個体数が少ないが、大発生した平成18（２００６）年には7月21日から23日、対馬海峡西水道（対馬と韓国とのあいだの水道）に3個体の大型クラゲの出現が確認された。8月1日、対馬周辺海域で数十個体から２００個体が確認された。豆酘崎《つつざき》（対馬・厳原）の定置網に１００個体の大型クラゲの

入網が確認されている

エチゼンクラゲと呼ばれるこのクラゲは、学名：Stomolophus nomurai、英語名：Nomura's jellyfish、刺胞動物門、鉢虫綱、根口クラゲ目ビゼンクラゲ科、エチゼンクラゲ属に属する。大きさは傘の直径が通常40センチメートルから１００センチメートルに達し、海棲で動物食である。

日本近海に発生するクラゲのなかでは最大で、ときとして傘の直径が２メートル、重さ１５０キログラムを超すものがある。その大きさゆえに、成体になったものは他種のクラゲと間違えることはほとんどない。椀状の傘の下に多数の口腕を持ち、体色は灰色・褐色・薄桃色などの変異がある。刺胞（クラゲの仲間がもっている毒のある器官。ばね仕掛けのようになっていて、触れると小さな棘が飛び出す）は弱いらしく、ヒトが刺されたという報告はほとんどない。中華料理などに用いられる食用クラゲはこの種である。東シナ海で生まれると考えられており、対馬海流に乗って日本海を北上し、一部は津軽海峡を抜けて太平洋でもみられる。

大型の根口クラゲ類は分厚く歯ごたえのよい間充ゲル（中膠）組織をもち、古くから中華料理などの食材として利用されてきたものが何種かある。そうしたものは、しばしば生息海域に隣接した旧国名ごとに和名がつけられており、ヒゼンクラゲ（有明海：肥前国など）、ビゼンクラゲ（瀬戸内海：備前国など）などと命名されている。エチゼンクラゲの場合は、福井県（越前国）の水産試験場場長の野村貫一氏から岸上謙吉博士のところへ標本が届けられて記載されたため、この名がつけられた。

本来の繁殖地は黄海および渤海であると考えられており、ここから個体群の一部が海流に乗って日本海に流入する。対馬海流に乗り津軽海峡から太平洋に流入したり、豊後水道付近でも確認された例がある。

　現時点では、生態について知られていることは少ない。生活史はすでに知られているほかの根口クラゲ類と同様である。餌はおもに小型の動物プランクトンと考えられている。

　近年、日本に輸入されるクラゲのかなりの部分をエチゼンクラゲが占めるようになった。これは、中国国内の活況でビゼンクラゲの需要が伸びていることもあるが、クラゲの質の善し悪しを知らない人が多いために、安いクラゲを仕入れていままでと同じ値段で客に出す中華料理店が増えているためとも考えられる。

　加工の仕方によっては刺身のような食感が得られるため、日本国内でもその特性に合った利用法を追求しようという動きが広がっている。

　最近、このクラゲによる被害が問題になっている。２００８年７月にはまだ少なかったこのクラゲが大発生を繰りかえしており、巨大な群が漁網に充満するなど、底曳き網や定置網といった、クラゲ漁を目的としない漁業を著しく妨害しているのである。またエチゼンクラゲの毒により、このクラゲと一緒に捕らえられた本来の漁獲の目的となる魚介類の商品価値を下げてしまう被害もでている。

　１９５０年代、エチゼンクラゲが津軽海峡まで漂い、時節から浮遊機雷と誤認され、青函連絡船が運行停止になったこともあった。古くからクラゲ漁をおこなっていない地域では、販路の確保や将来の漁獲の安定の見込みもないままに、クラゲ漁用の漁具や加工設備に膨大な投資をおこなって整備するわけにもいかないので、その対応に苦慮している。

　大量発生の原因として、産卵地である黄海沿岸の開発進行による富栄養化、海水温上昇などの説が

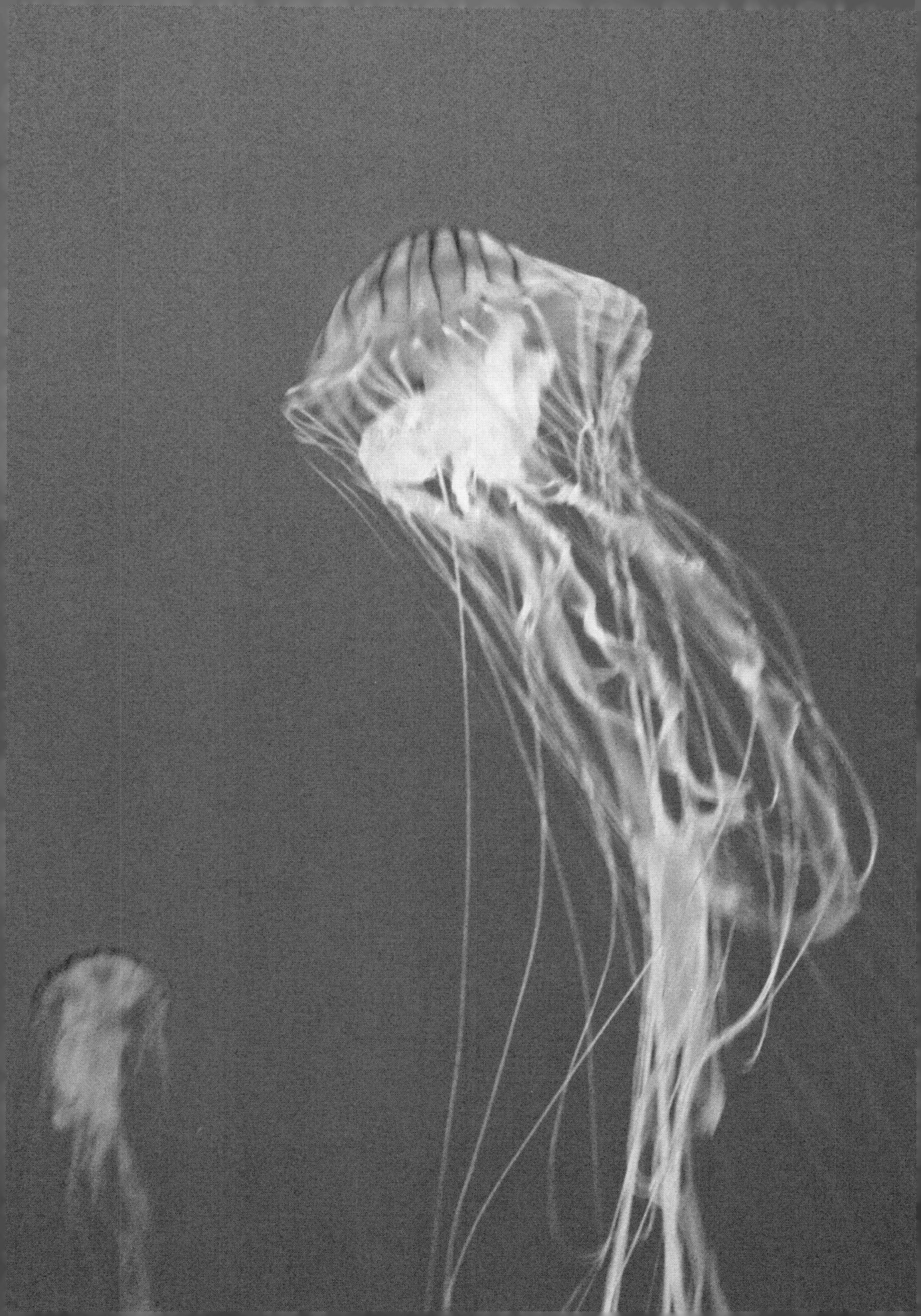

挙げられている。また当地における魚類の乱獲によって動物プランクトンが余ってしまい、それを餌とするエチゼンクラゲが大量発生、さらにはエチゼンクラゲの高密度個体群によって魚の卵や稚魚が食害されて、そのうえ魚類が減るという悪循環のメカニズムになっているのではないかとの指摘がある。いずれも仮説の域を出ておらず、今後の研究の進展が待たれている。

なお福井県では、「エチゼンクラゲ」の名称で報道される度に福井県産海産物のイメージが低下することを危惧して、「大型クラゲ」などと言いかえるよう報道各社に要望している。しかし、すでに和名として一般に定着しており、また古来食用に漁獲されてきた水産資源としての知名度も高いだけに、この要望が実施されるかは疑問である。２００８年８月３日の産経新聞の見出しにもやはり「大型クラゲ」と表記されている。

これまでの来遊を整理すると、大量来遊は、１９３８、１９５８、２００２、２００３、２００５年であった。90年までは10年に１度の大量発生であったが、02と03年は連続して大量に発生した。一因は中国の経済発展にあるだろうといわれている。長江などからの栄養分の過多による中国海域の富栄養化、海岸の人工構造物の増加、地球温暖化による海水温の上昇、魚の乱獲などさまざまな原因が考えられているが、いまだ確証はない。

２００７年の７月21日には、水産庁が地方自治体に大量発生を警告している。例年は８月上旬に日本近海に現れるが、この年は７月８日に対馬沖に漂着した。その後、対馬海流で北上し９月１日には秋田県で目撃された。さらに９月半ばには青森で目撃された。対馬沖の定置網に７月にかかるクラゲの数は例年数匹だが、03年は10匹、05年は２００匹から３００匹と大量であった。

ものが巨大化することは、理由もなく不気味である。感性の伴わない巨大化は恐竜を想起させる。尾瀬のミズバショウも巨大化しつつあるというが、過剰な養分は人をも肥満化させている。

参考資料
産経新聞「巨大エチゼンクラゲ」（２００６年9月4日）
読売新聞「押し寄せるエチゼンクラゲ」（２００７年1月27日）
独立行政法人水産総合研究センター日本海区水産研究所
http://jsnfri.fra.affrc.go.jp/
社団法人漁業情報サービスセンター
http://www.jafic.or.jp/kurage/

漂着・漂流ゴミの国際化

日本の自然を代表する景観として、古から人びとに広く親しまれてきた海辺の松原がある。古来「白砂青松」と謳われてきた松原は、海岸の波打ち際を果てしなくつづく砂浜に青々とした美しい景観を添える。羽衣伝説に語りつがれるように、日本の美の代表でもある。そこに立ち白砂青松を眺め、波が白砂をゆったりと洗う音を聴くと、心まで洗われる。このことは、第２章の栗田定之丞の項でも書いた。

また、外山八郎の項にも登場した天神崎は、海岸の緑のなかに生息する動植物と、海に生息する動植物が、平らな岩礁をはさんで同居する。森と磯と海が一体となって織りなすひとつの生態系がある。暖流の影響を受けるため、気候は一年を通じて温暖で、海でも陸でも南方系の生物が多種多様に存在する。学術的にきわめて貴重な場所である。

このような生態学的にも貴重な日本の沿岸が、いま、漂流ゴミで汚染されつづけている。

環境省は、海洋環境保全施策の一環として日本周辺海域における海洋汚染の実態を総合的に把握し、その汚染機構を解明するための基礎資料を得ることを目的に、昭和50（１９７５）年から平成６（１９９４）年の20年間にわたり「日本近海海洋汚染実態調査」を実施している。

一方、平成６（１９９４）年に発効した国連海洋法条約により、沿岸国の排他的経済水域までの海域の環境保全が求められるようになった。わが国でも平成８（１９９６）年７月に本条約を発効し、管轄する海域の環境保全の責務を担うこととなった。

これを受けて環境省は平成10（１９９８）年度から、日本近海海洋汚染実態調査の内容を拡充し、海洋環境モニタリング調査を改めて開始した。これが、「海洋環境モニタリング調査（１９９５〜）」である。なお、「日本近海海洋汚染実態調査」終了後の平成７（１９９５）年から９（１９９７）年のあいだにおこなわれた「海洋環境保全調査」は、「海洋環境モニタリング調査」への円滑な移行・発展のためにおこなわれたものである。ここでは、おもに東京湾、伊勢湾、大阪湾、福岡湾などの海域を調査している。これらについては、参考資料に示したホームページを参照されたい。

平成17年９月22日には、「平成15年度海洋環境モニタリング調査結果について」の報道が以下のようにおこなわれている。

この調査は、日本周辺海域の調査地点における陸域からの汚染による水質・底質への影響やプラスチック類漂流物の量、海洋生物に蓄積される汚染物質の濃度等について調査することにより、海洋の汚染状況を把握することを目的としています。

大阪湾沖及び沖縄本島南西沖を対象とした今回の調査では、従来のデータと比較して著しい海洋環境の変化は認められませんでしたが、海洋環境の経年的変化等を把握するため、今後も継続して調査を行い、総合的な解析を実施していく予定です。

また、他地点と比較して高い濃度が検出された、廃棄物の投入処分海域の有機スズ化合物と大阪湾沖のＰＣＢについて、追加調査を含め検討を行った結果、人の健康に影響を及ぼす可能性は低いことが示されました。

これらは、平成15年度の調査結果である。その後、新たに漂流ゴミに悩む西表島の事実が判明してきた。

防衛大学校の山口晴幸教授（自然環境、環境地盤工学）は、八重山諸島の海岸線に打ちあげられた漂着ゴミを、１９９７年から春と夏の２回に分けて毎年継続して調査している。２００５年の調査は、３月26日から４月５日までの11日間で、６島22か所に及ぶ。

２００５年の竹富町西表島の調査結果によれば、とくにマングローブ河口域に、発泡スチロールなどのプラスチックゴミが約1万個余り漂着していたことが判明した。この量は、前年の漂泊量の約1・8倍に相当した。2004年の春からは、西表島の仲間川、ユツン川河口域、船浦湾西岸域の3河口域を調査した。そのうち、ユツン川河口域と船浦湾西岸域のマングローブ（約9000平方メートル）で確認された漂着ゴミの種類、数および国籍などを明らかにした。

2005年の春の調査で確認したゴミの総数は、1万1116個、前年の6173個に比べ約1・8倍増加していた。100平方メートルあたりの総ゴミ数は124個（前年55個）で、国籍不明ゴミが9293個、外国製1700個、日本製123個であった。もっとも多い漂流ゴミはプラスチック類で6347個（56・8％）、次いで漁具類が4502個（40・3％）、瓶類が217個（1・9％）となっており、注射器などの医療廃棄物や廃タイヤなども多かったという。

国籍が判明する漂流ゴミでは、中国製が1099個（64・6％）、韓国製が294個（17・3％）、台湾製が246個（14・5％）となっていた。

山口教授は「マングローブ内はプラスチックゴミの腐食が進むと、有害物質が溶け出し、湿地汚染にも発展する」と警告している。また、「生態系への影響も懸念されることから、早急に実態を把握してなんらかの対策を講じる必要がある」と述べている。

急成長がつづく中国の問題は、「巨大クラゲ」のみならず「漂流ゴミ」にも影響が及ぶ。中国ではゴミの量の増大に加えて、ゴミを処理するシステムの構築が残されている。わが国のようにゴミ回収リサイクルのシステムが十分に整っていない問題がある。近隣諸国がゴミ対策を取らない限り、流れ着くゴミはますます増加するであろう。

漂流ゴミは海岸に打ちあげられるからみえるのであって、植物の根がみえないように、海中に漂っている漂流ゴミが大きな問題である。漂流ゴミが氷山の一角とすれば、いまなお漂流しているゴミはその何倍もあるだろう。海にゴミを流さないシステムを世界中の国で早急に確立しなければならない。確立しても実行されるかどうかが、また問題になる。漂流ゴミの前途は決して明るくない。

環境容量という言葉がある。通常、環境汚染物質の収容力を指し、その環境を損なうことなく、受け入れることのできる人間の活動または汚染物質の量を表す。環境基準などを設定したうえで、許容される排出総量を与えるものと、自然の浄化能力の限界量から考えるものがある。環境容量の定量化は難しいが、環境行政の点からは、総量規制のひとつの理論的背景になっている。

中央10省庁は、「漂流・漂着ゴミ対策に関する関係省庁会議」で、発生源対策や被害のひどい地域への支援策をまとめ、平成19年度から本格的な対策に乗り出した。環境省は「漂流・漂着ゴミ国内削減方策モデル調査」と題して全国にモデル地域を選定し、漂着ゴミによる被害の状況などの調査を開始した。事業の内容は、漂着ゴミなどによる被害海岸について、クリーンアップ（海岸清掃及び漂着物分類）とフォローアップ調査（分類結果の解析）により、効果的な清掃・運搬・処理の手法を検討することにある。

採択されたモデル地域は、次のとおりである。

・山形県酒田市（赤川河口）
・石川県羽咋市（羽咋・滝海岸）
・福井県坂井市三国町（梶地先海岸～安島地先海岸）

・三重県鳥羽市桃取町（答志島北部海岸）
・長崎県対馬市上県町（越高・志多留海岸）
・熊本県上天草市・天草郡（樋島海岸・富岡海岸）
・沖縄県　石垣島（吉原〜米原海岸）
・沖縄県　西表島（住吉海岸〜星砂の浜〜上原海岸）

現在も各地元では関係者らが集まって定期的に検討会が開かれている。とはいえ、他国からの漂流物の規制は容易ではない。

参考資料
八重山毎日新聞「西表島のマングローブ内プラスチックごみが1万個余り漂着」（２００５年6月16日）
http://www.y-mainichi.co.jp/news/1299/
読売新聞「漂流ゴミ問題が深刻化」（２００５年12月10日）
第四管区海上保安部　http://www.kaiho.mlit.go.jp/04kanku/
環境省　http://www.env.go.jp/

サンゴの白化現象と死滅

丹後国風土記、万葉集、御伽草子、さらには童謡にも歌われる浦島太郎は、竜宮城で楽しい日々を送る。そこは、珊瑚礁の都であった。われわれの祖先が浦島太郎のお伽噺を創作できたのは、大自然がつくりだした壮大な珊瑚があってこそだ。

そのサンゴが、白化し死滅しようとしている。ここで、日本サンゴ礁学会のホームページを参照して、白化について簡単に説明する。サンゴの色は、体内に共生している藻（共生藻）の色とサンゴ自身の色で構成されるが、サンゴが高温等のストレスを受けると、共生藻が失われて密度が低下し、サンゴの白い骨格が透けてみえるようになる。これが白化という現象である。

１９９７年から１９９８年にかけて、世界各地の海で大規模なサンゴの白化現象が確認された。海洋の表層水温と白化現象が関連しているところから、世界的に水温が上昇したためと考えられている。その結果、世界中のサンゴ礁が大きな打撃を受けた。白化程度が弱くサンゴが死滅しない地域では回復が早いと予想された。しかし、サンゴが壊滅したところでは、もとのようなサンゴ群集に戻るのに長い時間が必要と考えられている。

１９９８年の世界的な白化現象は、日本の海でも例外ではなかった。沖縄県石垣市の白保のサンゴがやられた。この年の11月に東京大学で日本サンゴ礁学会第１回大会が開催された。各地の調査結果から、水温が例年より高く過去の白化発生時にも死ななかったサンゴが死滅した例や、サンゴにすむエビやカニが激減した例などが明らかになった。

日本でもある程度の規模の白化現象が、1970年頃から80年代にかけて数回起こっていたが、このときほど広範囲で深刻なものは初めてだった。白保のサンゴ礁も例外ではなく、その規模は地元の海人（ウミンチュ＝漁師）でさえ、これまでみたこともないようなものであったといわれている。

白保サンゴ礁は、石垣島東南岸の宮良湾から東岸の通路川河口まで南北12キロメートル、最大幅約1キロメートルにも及ぶ裾礁である。このうち、見事なサンゴ礁生態系が観察できるのは、白保集落からカラ岳東側までのおよそ7キロメートルの範囲である。

ここでは、少なくとも600年以上生きつづけている、大規模なアオサンゴ（Heliopora coerulea）群落や、2000年から5000年程度とみられる巨大なハマサンゴ（Porites australiensis）の塊状群落などが多数分布する。白保サンゴ礁でみられる造礁サンゴは、30属70種以上といわれている。

サンゴの白化現象は、規模が大きければ大きいほどサンゴに依存する生物だけでなく、漁業や観光などにも大きな打撃となる。規模が小さくても、繰りかえし白化現象に見舞われれば、サンゴの生命力自体が弱くなってしまう。白化したサンゴは、必ず死んでしまうとは限らない。回復するのも多くあるが、生命力が弱まると回復の力も衰えてくる。

1989年のエルニーニョ現象による海水温の上昇の結果、沖縄本島近海のサンゴの95パーセントが白化現象により死滅したという。石垣島近海では40パーセントが被害にあった。その後、白化現象の被害は2年に1度の割合で発生している。

2006年の7月、「石西礁湖のサンゴ白化」に関する九州大学の調査結果が発表された。海水の温度が上昇し、サンゴが死滅する「白化現象」が、石垣島と西表島のあいだにある世界有数のサンゴ礁群「石西礁湖」で広がっているという。九州大学大学院理学府附属臨海実験所によると、14か所の調査地点内の8か所で、約30パーセントから50パーセントのサンゴが白化現象を起こしていた。八重山海域の海水は9月をピークに上昇することから、今後さらに被害が拡大する恐れもあると懸念されている。

なお同実験所の造礁サンゴ生態調査は、環境省の事業の一環でおこなわれたものである。とくに被害が目立ったのは、小浜島の南海域と、竹富島・嘉弥真島・小浜島のあいだの海域であった。トゲサンゴやショウガサンゴなど白化現象の影響を受けやすい個体をはじめ、テーブルサンゴなど比較的大型のサンゴも被害にあっていた。ちなみに同海域では、6月末から水温が30℃を超えていた。

2007年7月の海水温が高かったため、石垣島の全域と沖縄本島に近い瀬底島で白化現象が確認された。すでに一部が死滅して藻が付き、魚やナマコの死骸もみつかった。この年の白化の時期は通常に比べて早かった。八重山ダイビング協会は2010年7月14日、石垣・西表両島間に広がる石西礁湖の小浜島北の海域で、2007年以来のサンゴの白化現象を確認している。

浦島太郎が急に年をとって死ぬのは、それでよい。土に還れば、太郎の体の元素は新しい生命に引きつがれていく。しかし珊瑚礁が急に死滅するのは、困る。ほかの生きものが生態系という複雑な環境のなかで大混乱を起こすからである。このことは、いつの日か人間にも大きな影響を及ぼすのである。さらには、浦島太郎の伝説も日本人の心から消えさる恐れさえある。

参考資料

読売新聞「石垣島サンゴ大量死」（2007年8月4日）

沖縄タイムス「サンゴ白化確認　石西礁湖の小浜島北海域」（2010年7月15日）

日本サンゴ礁学会

http://wwwsoc.nii.ac.jp/jcrs/

WWFジャパン　サンゴ礁保護研究センター「サンゴ礁の危機：サンゴの白化」

http://www.wwf.or.jp/shiraho/nature/hakuka.htm

山野博哉「サンゴ礁の白化現象をリモートセンシングでとらえる—検出、回復過程監視、そして予測に向けた試み—」国立環境研究所ニュース、22巻2号（2003年6月発行）、独立行政法人国立環境研究所

http://www.nies.go.jp/kanko/news/22/22-2/22-2-03.html

第4章　この国の地殻変動・地震・津波

3月11日午後2時46分

この本の序章は、環境は「はたして不変か」ではじまった。そこでは土壌、水、大気およびオゾン層などが、ことごとく変わりつつあることを強調した。環境とは自然と人間の関係に関わるものだから、人間と離れて環境そのものが善し悪しを問われるわけはないとも書いた。

しかし、この環境が一瞬にして吹っ飛んだ。さらに、その環境を価値づけていた多くの人びとをも呑みこんでしまった。2011年3月11日午後2時46分に宮城県男鹿半島沖を震源として発生した東北地方太平洋沖地震と、それに伴う津波による環境破壊である。この地震は、日本の観測史上最大のマグニチュード（M）9.0を記録した。震源域は岩手県沖から茨城県沖までの南北約500キロメートル、東西約200キロメートルの広大な範囲に及んだ。場所によって異なるが、この地震により波高10メートル以上、最大遡上高40・5メートルにものぼる大津波が発生し、東北地方の太平洋沿岸に壊滅的な被害をもたらした。

震災、液状化現象、地盤沈下およびダム決壊などによる被害は、北海道、東北および関東にまたがる広大な範囲にわたり、各種のライフラインを寸断した。2011年8月31日時点で、死者・行方不明者は約2万人、建築物の全壊・半壊27万戸以上、ピーク時の避難者は40万人以上、停電世帯は800万戸以上、断水世帯は180万戸以上であった。

地震と津波による被害を受けた東京電力福島第一原子力発電所では、全電源を喪失して原子炉を冷却することができなくなり、放射性物質の放出を伴う原子力事故に発展した。これにより、周辺一

帯の住民は長期的な避難を強いられている。

地殻変動で起こる列島の地震

わが国は地殻変動によって造られた島国である。私たちの祖先は、有史以前から地震やそれに伴う津波によって家屋を破壊され、命まで奪われるという厳しい歴史を繰りかえしてきた。そしてこの苦境を乗りこえながら日本人としての特性を獲得し、今日みられる豊かな文化を築きあげてきた。

日本列島は４つのプレート（岩板）がひしめき合い、境界付近では周期的に大地震が起こる。「太平洋プレート」は西に向かい、「フィリピン海プレート」は北北西に向かい、日本列島を乗せている

「ユーラシアプレート」と「北米プレート」の下に潜りこんでいる。世界の地震の10パーセントは日本周辺で発生しているため、日本はもっとも地震の多い国といえる。

日本の太平洋岸の海底では、上述したふたつの海洋プレートが陸のプレートの下に沈みこむため、陸のプレート境界ではプレート先端が跳ねあがる。このようなプレートの動きに伴って、M８クラスの巨大な海溝型地震が発生する。

プレートの運動によって隆起をつづけている日本列島の岩盤には、「活断層」と呼ばれる傷が多く生じている。活断層から発生する地震はM７クラスまでで、プレート境界の地震より小さいが、陸域や沿岸の浅い位置で生じるため、直上で生活している人びとは甚大な被害を被る。ほかにも日本列島の地下深く潜りこんでいる海側のプレートの内部で発生する地震もある。すなわち日本列島付近で起きる地震は、プレート境界型地震、浅い場所でのプレート内部地震、深い場所でのプレート内部地震および地表近くの活断層による地震の４種に分類することができる。

活断層の定義はさまざまあるようだが、「現在の応力場の下で地震を起こし得る断層のうちで、断層面が地表まで達しているもの（地表断層）に限る。ただし、伏在断層であっても断層面の上端が地表近く（およそ1キロメートル以下の深度）まで達しているものは、なんらかの方法で最近の地質時代における活動を確認することができる。したがって、この種の浅部伏在断層は活断層の範疇に含める」とされる。活断層では地震が過去に繰りかえし発生しており、また今後も地震が発生すると考えられているため、活断層の活動度の評価は、そこを震源として発生する地震の予知に役立つと考えられている。おもな活断層は、北海道から九州まで82か所に及ぶ。

地震による津波の歴史

地震および海底火山などに伴う津波という驚異的な自然の変動は、新たな環境を創出する。その環境変動に伴って食と健康は多大な影響を受ける。このことは、今回の東日本大震災によっても如実に示された。ここに厳然とした事実として、環境を通した農と医の連携の必要性が再認識させられた。さらに、地震と津波によって生じた原子力発電所の放射能汚染事故も、食と健康の連携の重要性を喚起させる。将来この環境における放射能汚染の問題に徹底的なメスを入れなければならないが、今回はこの問題には触れない。

２０１１年３月11日の大津波の経験を忘れてはならない。ということは、それ以前の歴史に現れた津波も忘れてはならないことでもある。われらは、常に「来し方行く末」「歴史に学ぶ」「温故知新」「不易流行」「無用の用」「自然への畏怖」などという概念を念頭に置いて生きていく必要がある。それゆえ、わが国の地震による津波被害の歴史をまとめてみる。

その前に、津波の語源を振りかえってみよう。

「津波」という語は、通常の波とは異なり沖合を航行する船舶の被害が少ないにもかかわらず、津(港)で大きな被害をもたらす波に由来する。文献に「津浪」が認められる最古の例は『駿府記（１６１１～１６１５年の日記）』だという。慶長16（１６１１）年10月28日に発生した慶長三陸地震について、駿府記に「政宗領所海涯人屋　波濤大漲来　悉流失　溺死者五千人　世曰津浪……」とあるという。

なお、表記には「津波（浪）」のほかに「海立」「震汐」「海嘯」などとあるが、すべて「つなみ」と読む。

西暦	経過年数	和暦	M	地域	備考
684		天武 13	8.25	土佐・南海・西海	南海トラフ沿／土佐 12km2 沈下
869	185	貞観 11	8.3	三陸沿岸	三陸沖／津波多賀城来襲
887	18	仁和 3	8-8.5	五畿・七道	南海トラフ沿／摂津
1096	209	永長 1	8-8.5	畿内・東海道	東海沖／伊勢・駿河
1099	3	康和 1	8-8.3	東海道・畿内	土佐田千余町沈下・摂津
1360	261	正平 15	7.5-8	紀伊・摂津	熊野尾鷲・摂津兵庫
1361	1	正平 16	8.25-8.5	畿内・土佐・阿波	南海トラフ／摂津・阿波・土佐
1408	47	応永 14	7-8	紀伊・伊勢	紀伊・伊勢・鎌倉
1498	90	明応 7	8.2-8.4	東海道全般	南海トラフ／伊勢から房総
1611	113	慶長 16	8.1	三陸・北海道東岸	三陸沿岸／南部・津軽・三陸
1677	66	延宝 5	8	盤城・常陸・安房・両総	盤城から房総
1703	26	元禄 16	7.9-8.2	江戸・関東諸国	元禄地震・相模トラフ／犬吠埼から下田沿岸
1707	4	宝永 4	8.6	五畿・七道	宝永地震・遠州灘沖と紀伊半島沖の二大地震／紀伊半島から九州・土佐最大
1793	86	寛政 5	8-8.4	陸前・陸中・盤城	仙台・大槌・両石・気仙沼
1854	61	安政 1	8.4	東海・東山・南海	安政東海地震・駿河湾奥／房総から土佐
1854	0	安政 1	8.4	畿内・東海・東山・北陸	安政南海地震／中部から九州・・南海・山陰・山陽・串本・久札・種崎・室戸・紀伊
1891	37	明治 24	8	仙台以南	濃尾地震
1896	5	明治 29	8.25	三陸沖	三陸地震津波・北海道から牝鹿半島／吉浜・綾里・田老
1911	15	明治 44	8	奄美大島付近	喜界島地震
1918	7	大正 7	8	ウルップ島沖	根室・父島
1923	5	大正 12	7.9	関東大震災	熱海・相浜
1933	10	昭和 8	8.1	三陸沖	三陸地震津波・日本海溝付近／三陸沿岸・綾里
1944	11	昭和 19	7.9	東南海地震	熊野灘・遠州灘・紀伊半島東
1946	2	昭和 21	8	南海道沖	南海地震・静岡から九州／高知・三重・徳島・室戸・紀伊
1952	6	昭和 27	8.2	十勝沖	十勝沖地震・北海道南部東北北部／関東地方・三陸沿岸
1952	0	昭和 27	9.0	カムチャッカ半島沖	太平洋沿岸・三陸沿岸
1958	6	昭和 33	8.1	択捉島沖	太平洋岸各地
1960	2	昭和 35	9.5	チリ沖	チリ地震津波／三陸沿岸・北海道南岸・志摩半島
1963	3	昭和 38	8.1	択捉島沖	三陸沿岸津波
1964	1	昭和 39	7.5	新潟地震	新潟・秋田・山形
1993	29	平成 5	7.8	平成５年北海道南西沖地震	奥尻島
1994	1	平成 6	8.2	平成６年北海道東方沖地震	北海道東部／花咲・択捉
2011	17	平成 23	9.0	東日本大震災	三陸沖／青森・岩手・宮城・茨城・千葉

地震によるわが国の主な津波災害の歴史
(主としてマグニチュード８以上：なお地域と備考の表記の方法に一貫性はない)

発生年月	発生源	被災者数
1792 年５月	雲仙岳の噴火と地震による津波	１万５千人
1868 年８月	チリ北部を震源とするアリカ地震の津波	２万人以上
1883 年８月	スマトラ島近くのクラカトア火山の噴火による津波	３万６千人
1896 年６月	明治三陸地震	２万２千人
2004 年 12 月	スマトラ沖巨大地震による津波	28 万人以上
2011 年３月	東日本大震災	死者・行方不明者約２万人

国内外で死者が１万人を超えた津波

英語の文献に「Tsunami」という語が初めて使われたのは、小泉八雲（ラフカディオ・ハーン）が明治30（１８９７）年に出版した『仏の畠の落ち穂：Gleaming in Budda-Fields』のなかに収録された「生神様：A Living God」のなかだとされる。濱口梧陵をモデルにした「生神様」では、地震後に沿岸の村を呑みこんだ巨大な波を「Tsunami」と現地語の日本語で表現した。この言葉は、１９０４年の地震学会の報告に初めて使われ、地震や気象の学術論文などに限られたものであった。英語圏では「tidal wave」という言葉が使われてきたが、この語の本来の意味は天文潮汐（tide）による波を示し、地震による波にこの語を使うのは学問的にふさわしくないとされた。現在ではtsunamiが用いられている。

研究者のあいだでは「seismic sea wave：地震性海洋波」という言葉が使われることもあったが、あまり一般的ではなかった。１９４６年にアリューシャン地震でハワイに津波の大被害があったさい、日系移民がtsunamiを用いたことから、ハワイでこの語が使われるようになった。被害を受けて設置された太平洋津波警報センターの名称も、１９４９年には「Pacific

西暦	経過年数	和暦	M	地域	備考
869		貞観 11	8.3	三陸沿岸	三陸沖／津波多賀城来襲
1257	388	正嘉 1	7-7.5	関東南部	鎌倉・三陸？
1611	354	慶長 16	8.1	三陸・北海道東岸	三陸沿岸／南部・津軽・三陸
1616	5	元和 2		三陸沿岸	
1676	25	延宝 4		三陸海岸一帯	
1677	1	延宝 5	7.25-7.5	陸中	八戸
1677	0	延宝 5	8	盤城・常陸・安房・両総	盤城から房総
1730	53	享保 15		陸前	陸前沿岸
1793	63	寛政 5	8-8.4	陸前・陸中・盤城	仙台・大槌・両石・気仙沼
1835	42	天保 6		仙台地震	
1856	21	安政 3	7.5	日高・胆振・渡島・津軽	三陸・北海道南・南部
1877	21	明治 10		チリ	釜石・函館
1894	17	明治 27			岩手県沿岸
1896	2	明治 29	8.5	三陸沖	明治三陸地震津波・北海道から牝鹿半島／吉浜・綾里・田老
1897	1	明治 30	7.7	仙台沖	盛町・釜石
1898	1	明治 31	7.2	宮城県沖	岩手・宮城・福島・青森
1901	3	明治 34	7.2	八戸地方	青森・秋田・岩手・宮古
1933	32	昭和 8	8.1	三陸沖	三陸地震津波・日本海溝付近／三陸沿岸・綾里
1936	3	昭和 11	7.5	金華山沖	福島・宮城
1938	2	昭和 13	7	塩屋崎沖	小名浜付近沿岸
1938	0	昭和 13	7.5	福島県東方沖	小名浜・鮎川
1952	14	昭和 27	8.2	十勝沖	十勝沖地震・北海道南部東北北部／関東地方・三陸沿岸
1952	0	昭和 27	9.0	カムチャッカ半島沖	太平洋沿岸・三陸沿岸
1960	8	昭和 35	7.2	三陸沖	岩手・青森・山形
1960	0	昭和 35	9.5	チリ沖	チリ地震津波／三陸沿岸・北海道南岸・志摩半島
1963	3	昭和 38	8.1	択捉島沖	三陸沿岸津波
1968	5	昭和 43	7.9	青森県東方沖	1968 年十勝沖地震／青森・北海道南部・三陸沿岸
1994	26	平成 6	7.6	平成 6 年三陸はるか沖地震／八戸	
2011	17	平成 23	9.0	東日本大震災	三陸沖／青森・岩手・宮城・茨城・千葉

地震による三陸沿岸の津波災害の歴史

「Tsunami Warning Center」と命名されたことから、アメリカ合衆国ではこの言葉が広く用いられるようになった。その後、１９６８年にアメリカの海洋学者ヴァン・ドーン（Van Dorn）が学術用語として使うことを提案し、国際的に広く使われるようになった。すでに「ツナミ」は学術用語として国際語になっていたが、２００４年のスマトラ沖地震による津波の激甚な被害が世界中に報道されたことを契機に、より広く世界中で使われるようになった。

今回の津波の影響は三陸沿岸に及んだので、地震による三陸沿岸の津波災害を抽出してみた。三陸沿岸でどれだけ頻繁に津波が起こっているかわかるように、年表には前回の津波からの経過年数を入れた。ここでは、寺田寅彦の名言「災害は忘れた頃にやって来る」を「災害は忘れる前にやって来る」とでもしたい。むしろ、寺田寅彦の名言「ものを怖がらなさ過ぎたり、怖がり過ぎたりするのはやさしいが、正当に怖がることはなかなか難しい」を提示したい。

津波は地震やプレートの移動などで起こる自然現象である、ということから、今後も果てしなく反復されることを意味する。海底地震が頻発する場所を沖にひかえ、しかも南米大陸の地震津波の影響を受ける位置にある三陸沿岸は、リアス式海岸という津波を受けるにもっとも適した地形にある。三陸沿岸は、本質的に津波の最大被害地としての条件を十分すぎるほど備えている。今後も津波は三陸沿岸を襲い、その都度災害に見舞われるであろう。このことは、三陸沿岸にかぎらない。日本列島の本質的な宿命と考えるべきであろう。

そのことを肝に銘記するために、三陸沿岸の年代表をまとめた。明治29（１８９６）年の大津波、昭和８（１９３３）年の大津波、昭和35（１９６０）年のチリ地震津波、そして今回の平成23（２０１１）

年の東日本大震災は、37、27、51年の間隔で発生している。明治以降の小さな津波も考慮すれば、三陸沿岸では、絶えず津波による災害を受けていることになる。

死者数と流出家屋を比較してみると、明治29年は2万6360人、9879戸、昭和8年は2995人、4885戸、昭和35年は105人、1474戸、そして平成23年は死者・行方不明者は約2万人、建物の全壊・半壊は27万戸以上（2011年8月31日時点）である。

破壊・絆・甦生：東日本大震災—小さな体験から—

この節は、2011年の東日本大震災に関わる小さな体験をもとに書いたものである。著者が、(1) 北里大学の水産学部（現海洋生命科学部）と獣医学部の学位授与式に参加した前後と、(2) 海洋生命科学部と大船渡市が東日本大震災の被害を受けた6日後と、(3) 大震災被害23日後に海洋生命科学部、海洋バイオテクノロジー釜石研究所、大船渡市および釜石市を訪れた体験やそこから知り得た情報と、(4) その後の新聞やテレビの報道で知った情報からまとめたささやかな体験記である。自然と生活の破壊、その被害を互いに助けあう人びとの絆、さらにはこれに立ち向かい新たに甦生しようとする人びとの姿を体験したので、「破壊・絆・甦生」と題した。

地震と津波という自然の変動は、新たな環境を創出する。その環境変動に伴って人びとの生活の基盤であるさまざまな生業《なりわい》と健康は、大きな影響を受ける。2011年の東日本大震災によって人間が環境の産物であることが再確認された。また、地震と津波に伴う東京電力福島第一原発事故は、この

国のエネルギーと科学の安全のあり方を再考する機会を与えてくれた。

本文は雑誌「ビオフィリア」の特集号（２０１１）と北里大学学長室通信「情報：農と環境と医療」61号（２０１１）に掲載された内容を一部加筆・修正したものである。なお、原子力発電の破壊に伴う放射能汚染については、本書の趣旨から少し外れるし、筆者が被害の現場を訪れたこともなく、さらに破壊からいまだ甦生に至っていないので、ここでは触れない。


北里大学の水産学部（現海洋生命科学部）学位授与式がはじまったのは、平成23年３月９日の10時30分だった。３階建ての大船渡市立三陸公民館の１階では、授与式に参加した卒業生・父母・来賓・教職員のすべてが、どこの授与式でもみられるような厳かな雰囲気を味わっていた。同窓会長の挨拶がはじまってしばらくした11時45分ごろ、震度５弱（マグニチュード７・３）の地震が発生した。長く激しい揺れにもかかわらず、全員が粛々と授与式を終えた。

外では警戒のサイレンが鳴っていたにもかかわらず、一声も発しない学生たちの姿に感動した。学生たちはこれ位の地震には慣れているという後からの教員の言葉に、なるほどと変に納得したものだ。このとき大船渡では、60センチメートルの津波をみた。

この地震は、マグニチュード９・０の大地震と優に10メートルを超える大津波の前兆だった。前兆であることがわかるのは、51時間後の３月11日午後２時45分以降だった。太平洋プレートが北米プレートに沈みこむ日本海溝の境界付近で発生した地殻変動は、震源20キロメートル・長さ４５０キロメートル・幅１５０キロメートルに達する巨大なものだった。海底で北米プレートが８メートルも跳ねあがったという報告もある。平成23年東日本大震災の根源だ。

水産学部の授与式が終了した後、その公民館の３階で教職員と父母の謝恩会が開催された。つづいて午後４時30分から大船渡プラザホテルで、学生による教職員への感謝祭がおこなわれた。この感謝祭は学生の恩師への感謝なのか、自分たちの単なるパフォーマンスなのか判別しにくいところがあるが、毎年若者の熱気は最高潮に達する。

その晩、筆者はこのホテルの４階に宿泊した。３月11日の大津波は、授与式のあった三陸公民館の３階まで、プラザホテルの４階までをも呑みこんだ。大地震と大津波が51時間早く起こっていたら、大船渡の学位授与式に参列した多くの関係者は、この大災害に遭遇していたことだろう。地質学的時間で言えば、51時間はほんの一瞬に過ぎない。

筆者が３月11日の大地震に遭遇したのは、本学獣医学部学位授与式が催された十和田市であった。式典は、十和田市民文化センターで10時から挙行された。式典終了後、14時30分から十和田富士屋グランドホールで祝賀会が開催された。学部長の挨拶が終わった14時46分ごろ、あの忌まわしい震度7（マグニチュード9・0）の巨大地震が発生した。２階会場のシャンデリアがぶつかりあうなか、参加者全員沈着に無事屋外に避難できた。建物は倒壊しなかった。駐車場の車は左右に揺れつづけていた。

筆者はその後、十和田のホテルと市民病院で避難民生活を２日間おくった。それから、北本の看護専門学校の卒業式に参列するため、十和田・青森・青函連絡船・函館を経由して羽田に着いた。ここで教訓を得た。南方に行くには北方の経路を探れ。

時計の針を少しもどす。獣医学部の授与式に参加した学長は、祝賀会には参加せず新幹線で帰京の途についた。学長が大地震に遭遇したのは、この新幹線の車中だった。一晩、車中の人となった学長

は、翌日、盛岡・仙台と車を乗りつぎ帰京し、すぐに緊急説明会を開催、対策本部を組織、陣頭の矢面に立った。対策とその経緯は北里大学のホームページに詳しい。学長のもと、多くの教職員が協力し、この危機を乗りこえた。

大震災の６日後の３月17日、学長補佐と筆者は対策本部が仕立てたバスで14時間かけて震災後の大船渡に出向いた。そこでみたパノラマは地獄の光景だった。ご遺体を探しておられる方、まるで宣伝車のような形で倉庫に乗りあげた車、丘に登った船、瓦礫のなかにただ一本残された樹木、授与式がおこなわれた公民館や宿泊したホテルにまとわりつく洗濯ホース、家具の残骸、樹木の切れ端など地獄図絵は枚挙にいとまがない。

悲哀にふける時間はない。高台にあるため被災を免れた海洋生命科学部に到着した後、教職員への激励、現場の見学、行方不明学生の父母との対面、大船渡市長・公益会会長・岩手県広域振興局大船渡支局課長などへの挨拶・会見、さらには行方不明学生の車の確認と市への捜索願いの提出など、一日は瞬く間に過ぎさる。そのなかでも忘れられないのは、行方不明の学生のご両親の姿だ。３月18日の夕刻７時、41名の学生・教職員とその家族らとバスで帰京。３月19日の朝７時30分、大学本部の白金に到着。学長をはじめ多くの関係者が早朝に迎えてくださる。これも感激だ。全員放射能の被爆検査を受けて美味いおむすびをいただく。

大震災の23日後の４月３日、学長補佐と筆者はふたたび14時間かけてバスで大船渡へ出向いた。震災直後の姿は少しずつだが、変容しつつあった。その足でまだ訪れていなかった海洋バイオテクノロジー釜石研究所へタクシーで急ぐ。研究所の建物の１階の玄関のなかに、どこから紛れこんだのか鎮座まします一台の自動車がある。2階はかろうじて災難を免れていた。職員との長い懇談のあと、牡丹雪が降りそそぐ昼、なお暗い街を仮設の釜石市災害対策本部にでかけ、本学が世話になっている釜石市長と対策副本部長に会う。牡丹雪を背に受けて陣頭の矢面に向かう副本部長の後姿は、職務につく男の美が匂いたつ。夕刻7時にバスで大船渡を出る。

バスのなかから眺める4月5日の朝日は、万葉集の柿本人麻呂の詠った「東の野にかぎろひの立つ見えてかへり見すれば月傾きぬ」の歌にあるような、嘘のように平和な光を発していた。以上、ながながと短い期間の三度にわたる大船渡の来し方行く末を記した。

日本人の美質との邂逅

「人は人と人の関係において、はじめて人である」とは、筆者が「環境を考える」と題する講義でしばしば語る言葉だ。その人は、どこで人と人の関係を結んでいるか。それは環境のなかだ。ところで、現実の日々のなかで「環境」とはなにか。それは自然と人間との関係に関わるもので、環境が人間を離れて、それ自体で善し悪しが問われているわけではない。両者の関係は、人間が環境をどのように観るか、環境に対してどのような態度をとるか、そして環境を総体としてどのように価値づけるかによって決まる。すなわち、環境とは人間と自然のあいだに成立するもので、人間の見方や価値観が色濃く刻みこまれるものだ。

この環境が一瞬にして吹っ飛んだ。そのうえ、その環境を価値づけていた多くの人をも呑みこんで

しまった。地球の直径は約1万3千キロメートルだ。人びとは、地球の表面にある薄皮のような20センチメートルにも満たない表層土壌に這いつくばって生きている微生物のような存在に過ぎない。環境と人の関係における環境の光の部分は、豊潤な食と健康と四季の提供だ。一方、陰の部分は非情と無情と過酷な試練なのだ。

古来、日本列島には数多くの台風・地震・津波・竜巻などが押しよせた。列島に住む人びとは、これらの自然現象に伴う数多くの災害を心ならずも受容し、これを行動力・包容力・忍耐力などで克服し、そして、正義感・責任感・使命感・危機感・知識力・行動力・判断力・忍耐力などで再生を図ってきた。これらの自然の驚異が、われら日本列島に住む大和民族と呼ばれる人びとの感性に深く係わってきたと考える。あとは、この民族を束ねることのできる民衆のための政治があればいい。

培われた感性とは、人びとが互いに思いやる優しさ、助けあう心、支援する心、奉仕する心などだ。これらの心を基として、被災地の方がたは強靭な精神力によりこの過酷な状況下においても懸命に頑張っておられる。これこそが、日本人の持ちつづけた真の力だろう。大本教団襲撃で拷問の末、衰弱死した信徒の岩田久太郎の詠んだ歌は、心に響く。「むちうたばわが身やぶれんやぶれなばやまとおのこの血のいろをみよ」

この大災害は、日本列島に住む人びとの絆という、はるか古代から培われた特性を以下のように鮮明に表出しはじめた。その姿は、冒頭ながながと記載した筆者の小さな体験と、その後に報道される日本や世界の大震災への対応から認識したものである。

まず、災害地がみせた人びとの我慢強さと秩序ある行動だ。震災6日後にみた大船渡市街での給油のために争いもなく並ぶ市民の忍耐強い姿は驚異的だった。つづいて国家より優れた地方自治体の秘められていた姿だ。物資の供給や要員の派遣、さらには被害者の受けいれなど自治体やコミュニティー間の協力には目を見張るものがある。震災６日後には静岡県・山形県・台湾などからの救援隊の姿があった。

さらには、アメリカ海兵隊のヘリコプター部隊が大学の運動場に着陸し、病人の救済に努力していた姿は、印象的だった。教育の視点からすると、被災中に遺伝育種などの実験に使う貴重な材料のマツカワが学生たちの腹に収まったという現場の教職員の報告はすばらしい。実際の場でマニュアルに従わない学生たちのたくましさと行動力は、ここに記述しておくに値する。

次は最澄の語った「一隅を照らす」に代表される個レベルの支援についてである。次々と集まる国内外からの義援金、生活物質の供給、個人・企業の奉仕活動（ボランティア）などがこれに当たる。本学新入生のボランティア志願も良い例だ。

最後は自衛隊、市町村長、警察、消防士、医師、看護師などの職務に忠実に献身的に働く姿だ。吉田松陰の歌が思われる。「体は私なり心は公なり私を役にして公に殉う者を大人と為し公を役にして私に殉う者を小人と為す」

ギリシャの神に時間の神クロノス（Khronos：ニュートンの時間・機械的に流れる時間・時系列の時の流れ）とカイロス（Kairos：変化・逆流・停止する時間・歴史や人生の意味が変わる瞬間）がある。今回の大災害はカイロスの振る舞いと受けとめたい。では、受けとめた後の正義感・責任感・使命感・行動力とはなにか。それは、個人・自治体・社会・教育・研究・政治などがなべて真摯に次の問題に対応することだろう。それは、この列島に住み生かさせていただいてきた日本人の美質との邂逅でもある。

・生態系への畏怖：人智を超えたなにか偉大なものやリズム、地球生命圏あるいはサムシンググレートと呼ばれるようなものの存在意識による謙虚な畏怖の精神の獲得。
・ベーコンの哲学再考：「いま、われわれは意見において自然を支配しているが、必然においては自然の奴隷である。しかし、もし発見において自然に導かれるなら、行動において自然に命令することができる」「知は力なり。自然は服従することによってでなければ征服できない」などの哲学の再考。
・統合知の確立：技術知を活用した生態知の獲得。技術知と生態知を結んだ統合知の獲得。また、環境を通した農と医の連携など。
・上杉鷹山の三助の教え：自ら助ける自助、近隣社会が互いに助ける互助、反政府が手をだす扶助の精神の教えを学ぶ。
・歴史に学ぶ：来し方行く末の科学。分離の病（知と知、知と行、知と情、過去と現在、人と生態系など）の克服。
・物質循環：ものみなめぐる思考の回復。レンタル思想の確立。
・エネルギー政策の再考：右肩上がりの社会は成立するのか。持続可能な社会を確立するためのエネルギー政策。
・自給率向上：40パーセントの自給率ではたして国家は成立するのか。
・物来順応の人物育成：物来たればこれに応じて対処できるような人物の教育。マニュアル対極

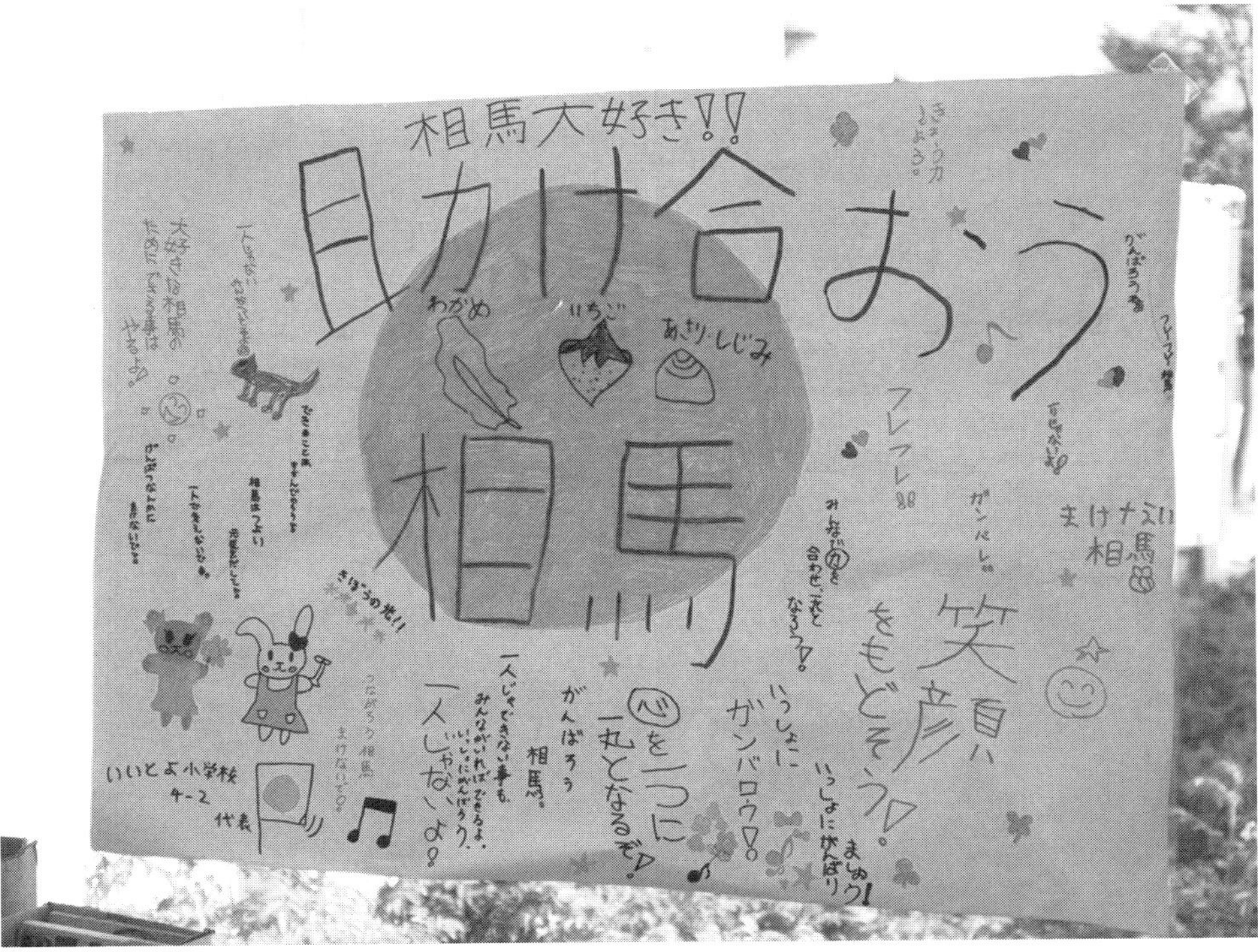
相馬大好き!!
助け合おう
相馬
わかめ
いちご
あさり・しじみ
フレフレ!!
ガンバレ。
まけないぞ相馬
笑顔をもどそう!
いっしょにがんばりましょう!
いっしょにガンバロウ!!
心を一つに一丸となるぞ!
がんばろう相馬。
一人じゃないよ!
いいとよ小学校 4-2 代表

の行動がとれる人物の育成。

最後の「物来順応」は、第32代内閣総理大臣廣田弘毅が座右の銘としていた言葉だ。政治を志す輩は、少なくともこの言葉を吟味し肝に銘じて民衆のための政治に参加すべきだ。

最後に、東日本大震災被災地の皆様に心よりお見舞い申し上げます。

参考資料

吉村昭（2004）『三陸海岸大津波』文春文庫

国立天文台編（2006）『理科年表　平成19年』（机上版）丸善株式会社

寒川旭（2011）『地震の日本史―大地は何を語るのか―』中央公論新社

北里大学学長室通信（2011）「情報、農と環境と医療」62、1-8

陽捷行（2011）「災害対策、科学者からの提言、破壊・絆・甦生」ビオフィリア速報版、7-9

全国義援金総合募金会「日本の地震による津波被害の歴史」

http://saigai.org/a-kakotunami3.html

独立行政法人産業技術総合研究所　活断層・地震研究センター

http://unit.aist.go.jp/actfault-eq/Tohoku/

供
吉川

おわりに　陽　捷行

21世紀は「環境の世紀」といわれているが、これを突きつめると「土壌と海洋の世紀」といえるだろう。なぜなら、地球環境問題は結局のところ人口問題である。人口問題の主要な要素には食料問題があり、食料問題はすなわち農業・水産業の問題なのである。そして、食料を生産する農業と水産業の基《もとい》は、それぞれ土壌と海洋だから、巡りまわって「環境の世紀」とは「土壌と海洋の世紀」なのである。

すでにJ・E・ラブロックがいまから30年以上も前の1979年に「地球生命圏―ガイアの科学―」で、地球の人口が100億を超えたあたりのどこかで、とりわけエネルギーの消費が増大した場合には、地球になんらかの異変が起こると指摘している。

異変の兆候は、すでに土壌、水、大気およびオゾン層に現れている。土壌の侵食は進み、水の枯渇が問題となり、海洋汚染は進み、大気中の温暖化ガスは増加し、オゾン層は年々減少している。天と地と海原は悲鳴をあげている。

環境にかかわるこれらの問題は、まさに人口とエネルギーの問題なのだ。おそらく100億の人口しか養えない地球生命圏ガイアは、われわれに別のテーマを突きつける。われわれは環境倫理と生命倫理のどちらを優先するのか、あるいは両立させうるのかと。増加しつつある人口に食料を供給しつづけながら、崩壊しつつある地球環境を保全するという、きわめて容赦のない課題に、われわれ人類はいま直面している。

おわりに

さらに、スリーマイル島とチェルノブイリにつづく東京電力福島第一原子力発電所の事故による放射能汚染は、土壌、海洋、動植物および人びとの健康に暗い影を落としている。テレビジョンに写される放射線被災地の姿から、レーチェル・カーソンの名著『沈黙の春』が思いだされる。

「アメリカの奥深く分け入ったところに、ある町があった。生命あるものはみな、自然と一つだった。町のまわりには、豊かな田畑が碁盤の目のようにひろがり、穀物畑の続くその先は丘がもりあがり、斜面には果樹がしげっていた。春がくると、緑の野原のかなたに、白い花のかすみがたなびき、秋になれば、カシやカエデやカバが燃えるような紅葉のあやを織りなし、秋の緑に燃えて目に痛い。丘の森からキツネの吠え声がきこえ、シカが野原のもやのなかをみえつかくれつ音もなく駆けぬけた」

「ところが、あるときどういう呪いをうけたのか、暗い影があたりにしのびよった。いままで見たこともきいたこともないことが起こりだした。若鳥はわけのわからぬ病気にかかり、牛も羊も病気になって死んだ。どこへ行っても死の影」

「自然は沈黙した。うす気味悪い。鳥たちはどこへ行ってしまったのか。みんな不思議に思い、不吉な予感におびえた」

われわれの世代は、宇宙から観たら塵埃にすぎないが人類の生存に不可欠な土壌、水、大気およびオゾン層をいとも簡単に汚染・消耗している。これらの環境資源は、地球が何億年という気の遠くなる広大無量のときをかけて創造してきたものであることを忘れてはならない。日本の古代のことを叙述している『古事記』で、倭健命《やまとたけるのみこと》は、歌っている。

倭は　国のまほろば　たたなづく青垣　山隠れる　倭しうるわし

明治34（1901）年、『新撰國民唱歌』に掲載された「夏は来ぬ」は、『古事記』や『日本書紀』や『万葉集』以来の、この国の人と自然との共生を深く歌いあげており、われわれ倭びとの魂を揺さぶる。作詞は佐佐木信綱（1872〜1963年）、作曲は小山作之助（1863〜1927年）である。卯の花と時鳥の共生、五月雨と玉苗の共存、橘の薫りと蛍の季節感、水鶏と夕月の組み合わせは、いずれもこの国の自然の深い味わいを余すところなく表現しているが、最後の歌詞は絶品である。この国に生まれたことの歓びを、無条件に感じさせてくれる。

皐月闇蛍とびかい　水鶏鳴き卯の花咲きて　早苗植えわたす　夏は来ぬ

このような美しさは、この国にはすでに稀であろうが、訪れつつある新しい世代にこれらの環境を少しでも健全に継承していかなければならない。これに失敗すると、われわれの世代は新しい世代から無責任の誇りを免れないだろう。世代間の倫理の喪失である。

地球環境変動や放射能汚染は、この国の環境を変化させるに止まらず、美しい景観を喪失させ、居住地域の共同体の風習をも変質させ、生物多様性の喪失を招き、古来から引きつがれてきた音楽や詩歌を変貌させ、科学で示すことのできない精神世界の危機をも招く。

「カエルの悲劇」が思われる。水と熱いお湯を入れた鍋をふたつ用意する。蛙を熱いお湯に入れると、驚いて飛びあがる。しかし、冷たい水のなかにいる状態で、鍋を徐々に過熱すると、蛙は静かなままである。蛙は変温動物なので、徐々に熱くなっていくお湯のなかでは、蛙の神経は感覚を失うからである。蛙は熱くなっていくお湯のなかで危機を感じず、適応しようと努力していくうちに神経が無感覚になり、完全に煮られて死んでしまうのである。迫ってくる危険を知らずに、死んでいく蛙をみながら、私たちは教訓を得る。だが、はたして実際に自分たちに迫ってくる危険を感知できる人はどのくらいいるのだろうか。

司馬遼太郎は、序章に紹介した教科書のなかで語る。

> 同時に、人間は決しておろかではない。思いあがるということとはおよそ逆のことも、あわせ考えた。つまり、私ども人間とは自然の一部にすぎない、というすなおな考えである

環境問題については、司馬の語る人間の素直さを信じることにしたい。それにしても、われわれに残された時間は少ない。

本書を出版するきっかけを与えていただいた礒貝日月氏と、あん・まくどなるど氏に心より感謝する。また、資料の検索など執筆を全面的に支えていただいた成田廣枝さんに心よりお礼申し上げる。

「環境」⇕「親子」　ブルース・オズボーン

私がこの30年間、ライフワークとして取り組んできたテーマに「親子」があります。私はこのテーマを、〝生まれて初めて出会う「親」と「子」の関係を見つめることは、家族、地域、社会、そして自然をも含むすべての「環境」に敬意をはらうこと〟と位置づけ、「親子」の写真を撮りつづけてきました。そうして出会った「親子」は今までに3千組以上にものぼります。

清水弘文堂書房の礒貝日月氏から陽捷行先生が書かれたものに私の写真を使って本をつくりたいと聞いたとき、学者の膨大かつ奥深く緻密な情報と知識に裏付けられた内容とのコラボレーションの行方に大きな期待を寄せずにはいられませんでした。

冒頭にも書きましたように、以前から「親子」と「環境」というテーマは、私のなかで深く結びついていましたので、このテーマの位置づけをさらに明確にするために、私は、7月の第4日曜日を「親子の日」と制定し、そのオリジネーターとしてプロジェクトを立ち上げました。幸い、たくさんの方からの賛同をいただき、来年で10周年を迎えます。ここで「親子の日」の応援団として特設した「親子大使」のひとり、映画作家の大林宣彦様からいただいたメッセージを紹介させていただきます。

親子の絆は縦軸のコミュニケーションである。現在と過去、現在と未来を結ぶ時間を豊かにしてくれる。情報社会は横軸の世界を広げてくれたが、縦軸の約束を忘れてきた。その事が現代の不幸を多く生んだと反省する今、親子を結ぶ物語が切実に必要だ。「親子の日」を応援します。

写真は瞬間を切り取りますが、じつはその一枚一枚の写真には、過去も未来も写り込んでいます。「親」から「子」への命の連鎖と同様に、文学、宗教、哲学、科学などの人類の遺産も、縦の伝達がなければ現在という土壌に定着することはありませんでしたし、未来に引き継がれることもありません。

これからでも遅くはありません。謎だらけの宇宙の真実を感覚でわかっていたのかも知れない先人達からのメッセージに耳を傾けながら、私たちが目指すべき未来の扉への鍵を見つけようではありませんか。

生命が誕生して絶滅すること、東日本大震災のような私たちにとって太刀打ち不可能な自然の力に直面すること、または、たとえ宇宙ガイアに大きな変化があろうと、私たちは人としてまた人類として過去の失敗を反省し、多くの心ある人たちが成し遂げてきた功績を後世に伝えながら、ガイアの意思に沿った新たな創造を繰りかえしていけば、未来への期待は大きいのではないかと楽観的に信じています。

今回、掲載した写真は、私が今まで出会った地球上の風景の一部で、「親子」の写真そのものではありませんが、陽先生の書かれた内容に触れ、この書籍の出版に関わらせていただけたことで、「環境」と「親子」というふたつのテーマの関連性が今まで以上に明確に繋がっていることに確信がもてました。この企画を熱心にすすめてくださった礒貝日月氏と陽捷行先生、そして関わったすべての皆様に心から感謝するとともに、この書籍が多くの方の手元に届くことを願っています。

おわりに

清水弘文堂書房の本の注文方法

■電話注文03・3770・1922／046・804・2516■FAX注文046・875・8401■Eメール注文mail@shimizukobundo.com（いずれも送料300円注文主負担）■電話・FAX・Eメール以外で清水弘文堂書房の本をご注文いただく場合には、もよりの本屋さんにご注文いただくか、本の定価（消費税込み）に送料300円を足した金額を郵便為替（為替口座00260・3・59939 清水弘文堂書房）でお振り込みくだされば、確認後、一週間以内に郵送にてお送りいたします（郵便為替でご注文いただく場合には、振り込み用紙に本の題名必記）。

この国の環境　時空を超えて
ASAHI ECO BOOKS 32

発行　二〇一一年一〇月二五日
著者　文／陽　捷行　写真／ブルース・オズボーン
発行者　小路明善
発行所　アサヒビール株式会社
住所　東京都墨田区吾妻橋一・二三・一
電話番号　〇三・五六〇八・五一一一
編集発売　株式会社清水弘文堂書房
発売者　礒貝日月
住所　《プチ・サロン》東京都目黒区大橋一・三・七・二〇七
電話番号　《受注専用》〇三・三七七〇・一九二二
Eメール　mail@shimizukobundo.com
HP　http://shimizukobundo.com/
編集室　清水弘文堂書房葉山編集室
住所　神奈川県三浦郡葉山町堀内三一八
電話番号　〇四六・八〇四・二五一六
FAX　〇四六・八七五・八四〇一
印刷所　モリモト印刷株式会社

□乱丁・落丁本はおとりかえいたします□

 ISBN978-4-87950-603-0 C0040